Rainfed Agriculture in Indochina

インドシナ
－ 天水農業 －

JIRCAS Rainfed Agriculture Project

独立行政法人
国際農林水産業研究センター
小田正人 編

養賢堂

はじめに

　天水農業とは，灌漑されていない，いわゆる雨頼みの農業を指す．国際農林水産業研究センター（Japan International Research Center for Agricultural Sciences: JIRCAS）によるプロジェクト研究「インドシナ天水農業地帯における水資源の効率的利用と収益性の向上」は，2002年度より当初7年間の計画でスタートし，2005年に再編されて「インドシナ天水農業地域における農民参加型手法による水利用高度化と経営複合化」と改称し，2010年度まで9年の長きにわたって活動を続けてきた．21世紀は水危機の世紀になると警告されている．その危機の焦点は紛れもなく食料生産にある．いわゆる緑の革命は，化学肥料・農薬・灌漑の3点セットで農業生産を飛躍的に増大した．しかし，その革命も20世紀の終わりを待たずして限界に達したと言われる．そのネックは灌漑である．開発可能な水資源はもはやほとんどないといわれる．そのような中，天水農業は緑の革命から取り残されたまま現在に至っている．

　天水農業プロジェクトは，その実施方式においてJIRCASにおいて革新的なプロジェクトであった．プロジェクトでは，計画当初から「農民参加型研究（Farmer Participatory Research）」と「学際的サイト集中型研究（Site Specific Multi- Disciplinary Study）」という手法を使った研究構想に基づき実施された．革新的なものが受容され，成果を上げるには時間がかかるのは世の常であり，天水農業プロジェクトが歩んできた道も決して平たんではなく，外部的内部的にもいろいろ論議を呼んだ事項もあったように回想される．しかし，プロジェクトが目指した「受益者である農民の手に届く研究」という面では，幾つかの事例を作ることができたのではないかと自負している．本書の目的は，プロジェクトの活動内容並びに成果をなるべく平易に概説し，読者の方々にプロジェクトが目指した「農民の手に届く研究」についてのご理解を得ることである．

　天水農業プロジェクトのサイトは，当初タイ東北部の丘陵地から始まり，ラオス北部の山岳地そしてラオス中部の平地へと展開していった．これは研究のやりやすさという面でいうと，単純な対象からより複雑な対象へと難易

度を上げていった過程でもある．読者の方々のご理解を容易にするために，研究の背景となるこれらの地域の特性等についても本書の中で取り上げている．

　最後に，本書はプロジェクトの全体を専門家以外の方々にわかりやすくアピールすることを目的として企画されたものである．プロジェクトの終了を前に業務は山積しており，原稿依頼は，直接声かけのできるJIRCASの現職員を中心とせざるを得なかった．したがって，プロジェクトの全容を網羅する内容には至っていない．しかし，寄せられた原稿は天水農業というひとつのテーマに対して非常にバラエティに富んだものとなっており，まさに本プロジェクトを味わっていただくにうってつけの内容になったと思う．

プロジェクトリーダー　伊藤　治（前），小田正人

目　　次

1. 天水農業研究の意義 …………………………………… 1

2. 研究サイト ……………………………………………… 5
   (1) インドシナ天水稲作地域の3類型 ………………… 6
   (2) プロジェクト対象地の概況 ………………………… 9
      1) ノンセン村（タイ） ……………………………… 9
      2) ホァイエン村（ラオス） ………………………… 11
      3) ナトン村（ラオス） ……………………………… 13
   コラム：サイト選定の重要性 …………………………… 17

3. 農業経営研究 …………………………………………… 19
   (1) 東北タイ農業の特徴 ………………………………… 20
      1) タイにおける東北タイの位置 …………………… 20
      2) 輸出志向の畑作農業 ……………………………… 20
      3) 農業複合化の胎動 ………………………………… 21
   (2) ラオス農業の複合化への道 ………………………… 23
      1) 低地天水地域 ……………………………………… 23
      2) 北部焼畑地域 ……………………………………… 24
   コラム：イサーン農民の知恵 …………………………… 26

4. 水資源に関する研究 …………………………………… 27
   (1) 見えない地下水の量を探る ………………………… 28
   (2) 日本人の常識をこえた田んぼ ……………………… 31
   (3) 伝統的技術ファーイを見直す ……………………… 36
      1) はじめに …………………………………………… 36
      2) 方法・結果 ………………………………………… 36
      3) まとめ ……………………………………………… 39

(4) 衛星から焼き畑の周期を知る …………………………… 40
  コラム：水の動きを研究サイトで計る …………………… 43

5. 水利用に関する研究 ………………………………………… 45
  (1) 常識で常識を覆す超節水栽培法 ……………………… 46
    1) コロンブスの卵 ……………………………………… 46
    2) 永田農法が出発点 …………………………………… 46
    3) 農民参加型研究に取り組む ………………………… 47
    4) 節水栽培技術の開発に成功 ………………………… 49
    5) 科学的原理の解明 …………………………………… 50
    6) 農民参加型研究の利点 ……………………………… 51
    7) おいしい野菜は生産者のもの ……………………… 53
  (2) 水の動きは養分の動き ………………………………… 54
  コラム：海外研究拠点の開拓 ……………………………… 60

6. インパクトと普及 …………………………………………… 63
  (1) 複合経営への段階的移行−現状把握，モデル構築，実践 … 64
    1) 現状把握 ……………………………………………… 64
    2) モデル構築 …………………………………………… 65
    3) 実　践 ………………………………………………… 66
  (2) プロジェクト技術のインパクト分析 ………………… 68
    1) はじめに ……………………………………………… 68
    2) ノンセン村の溜池 …………………………………… 68
    3) 溜池の多目的水利用の普及 ………………………… 69
    4) まとめ ………………………………………………… 71
  (3) 参加型の未来 …………………………………………… 73
    1) 天水農業プロジェクトと参加型手法 ……………… 73
    2) 参加型における「場」と「数」の矛盾の克服 …… 73
    3) 研究者の新しい役割 ………………………………… 74
    4) 参加型は実用科学をめざす ………………………… 75

コラム：コンピュータシステムより紙製のツール ………… 77
7．データベース紹介 ……………………………… 79
参考文献 ……………………………………………… 81
執筆者一覧 …………………………………………… 83

1. 天水農業研究の意義

アジアでは現在，水資源の約 80% が農業に利用されているが，不適切な利用や他の利用セクターとの競合によって，農業に利用できる水の量は今後 25 年間に急速に減少し，灌漑の発達した地域でも水不足が深刻な問題となり，今世紀の当初 25 年間で開発途上地域の人口の 3 分の 1 が深刻な水不足に直面すると予測されている．現在利用できる水資源の量と利用方法を考慮すると，このままでは近い将来に起こるであろう深刻な水不足を回避することは難しく，それに対処すべく農業生産現場でも水資源利用効率を高める方策を見出すことが重要課題である．

世界の食料生産は，その約 60% が天水栽培地域においてなされ，天水栽培地域は農耕地の 80% かそれ以上を占めると見積もられている．天水栽培とはひと言でいえば自然の降雨にまかせる作物栽培のことである．天水農業地域の生産性は灌漑農業地域のそれに比べて著しく低く，また年々の変動も大きい．したがって，近い将来の人口増加を支えるために必要となる食料生産は，必然的に灌漑農業に強く依存する状況が続くと考えられる．しかし，灌漑農業における生産性向上が停滞する傾向を考えると，灌漑農業のみでは

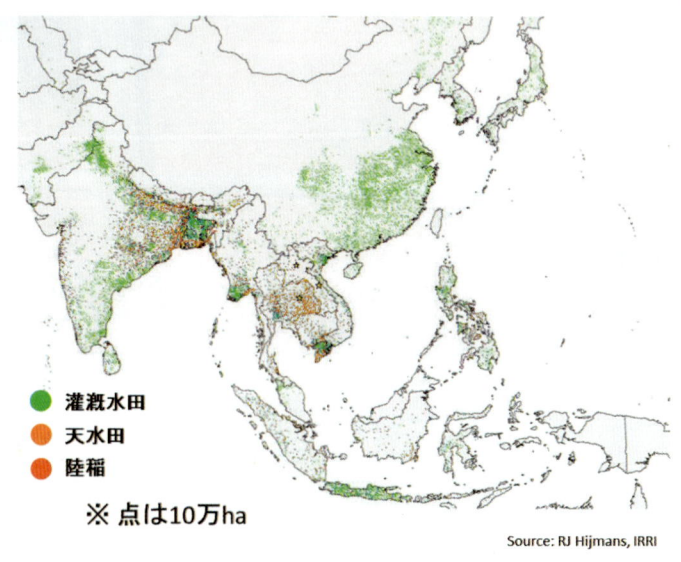

図1　アジアの稲作環境

予想されるすべての需要を満たすことはできず，天水農業の生産性の安定と向上を通じてその食料生産全体への寄与率を高めることが重要課題になる．さらに，多くの天水農業地域を対象として，恒久的貯水池を核とする広大な用水路網による効率的な水資源管理を伴う灌漑設備を建設することは技術的に不可能であるか，あるいは膨大な政府資金を必要とすると考えられる．様々な生産制約要因を抱える天水農業地域の大半において，その生産性を向上させることが，農業開発上重要な課題となってきている．

　天水農業を営む農民は，限られた水資源を最大限に利用するため，水資源管理（貯水と給水）はもとより，水利用（灌漑，栽培方式および作付け体系）において数多くの革新を行ってきた．天水農業をさらに発展させるためには，こうした在来技術を研究的観点から類別精査並びに検証し，場合によってはこれを部分修正した上で，科学研究によって開発された他の技術を取り入れて，天水農業の集約化に応用するというアプローチが必要である．最終的にはこれが，個々の農家レベルでの経営と，地域および国家レベルでの生産の安定化と向上につながると思われる．すなわち，技術開発をめざす研究プロジェクトにおいては，プロジェクトの初期段階から，農家の視点や制約，さらにはニーズ等を組み入れた計画設定が必要である．プロジェクトによって開発された技術の農家による導入と利用を最終目標とする場合には，このことはいっそう重要な点である．農家経営の持続可能な発展のためには，農家が置かれている自然環境および社会経済的環境の総合的な分析に基づく，農家の意思決定過程への理解を深める必要がある．こうしたアプローチによって，我々は農家の選択肢を制限する要因を把握し，現在の行き詰まりを打破する道を見出すことができるはずである．天水農業における技術開発を目指した研究においては，農家の選択肢を拡大する，すなわち農業を多角化するための方向性が重要であると考えられる．

　インドシナ半島の中央部に広がる天水農業地域では，作物生産性が依然として低く，農村地帯における農家の生活水準と都市居住者のそれとの格差が広がっている．農業開発の発展が新種作物の導入や技術向上にもかかわらず遅れている主因としては，これら天水農業地域における，予測不可能な降雨パターンや痩せた土壌，保水力の低さといった不利な環境条件が挙げられ

る．近年，メコン川の水に依存する農業を，水資源を共有する地域産業として捉え，メコン川流域の農業開発へ地域総合的なアプローチを組み入れる試みがなされている．この地域においては，国際研究協力を通した地域開発支援が推進されており，この地域がメコン川流域農業開発において中心的な役割を果たすという期待も持たれる．メコン川流域農業開発に向けた新しい取り組みの研究は，今後の環境保護を基盤とする地域開発の規範になれるものと考えられる．

　世界の主要な食料供給源である東南アジアにおいて農業生産性を維持することは，食料安全保障の観点から不可欠な要素である．降雨量が比較的多いこの地域においても，水は農業生産における大きな技術的制約要因になっており，用水のほとんどを雨季に依存しながらそれを有効に利用するための適切な管理システムを持たない天水農業地域では，特に著しい制約になっている．したがって，この地域の農業開発研究においては，より適切な水資源管理システムの開発を中心に据えたテーマ設定が必要である．この地域の天水農家の経済的選択肢を拡大し農家経営を向上させるためには，適切な水資源管理技術を基調とした複合的農家経営体系を確立することが重要である．

伊藤　治

2. 研究サイト

（1）インドシナ天水稲作地域の3類型

　世界的にみると，灌漑地域は相対的に少なく，天水地域が支配的である．東南アジアにおいても，そうである．しかし，これまでの研究は灌漑農業，とりわけ灌漑稲作に偏り過ぎていた．「緑の革命」が灌漑地域に限られていたという事実もそのことを物語っている．こうした中で，インドシナの天水農業を研究対象とする意義は大きい．インドシナ天水農業の代表的形態は稲作主体の天水農業である．このような天水農業地域は，大きくは3つに分けられる．1つは，山岳焼畑農業地域，2つ目に低地天水稲作地域，3つ目は，丘陵地天水稲作地域である．

　まず，第1に山岳焼畑農業地域は，ラオス北部のほか，タイ北部，ミャンマー北部，およびベトナム北部の一帯に広がっており，東南アジア山岳地域の典型的な営農形態である焼畑農業が現在も続けられている地域が多い．焼畑農業とは，そもそも，長期の休閑と休閑後の火による植生の除去を特徴とする農業であるといわれている．この地域では陸稲の栽培が基本である．陸稲を栽培して自給分を確保するというのがこの地域の農家の経営目標となっている．しかし，人口圧や中央政府の政策などの要因により，焼畑地域が限定，縮小され，同時に休閑期間が大幅に短縮されている地域が広がりつつある．これらの地域では食料確保という経営目標の達成も難しい農家が存在している．

　なお，河川沿いなどを中心に水田が広がっている地域（ラオス北部など）や棚田を切り開いていった地域（ミャンマー北部など）もあり，また常畑化した地域もある．水田を所有する農家は自給が安定化するので，次の段階として，焼畑や常畑での商品作物栽培による現金収入の向上を目指すこともできるが，あくまで経営の基本は自給経済であり，商品生産は副次的であることが多い．それは水田面積が零細であり，また常畑での地力低下のリスクも抱えているからである．プロジェクトサイトはラオス北部のルアンプラバン県シェングン郡ホァイエン村に設定した．

　第2に，低地天水稲作地域である．この地域においては，稲作＋家畜飼養が代表的営農類型である．代表的地域であるラオス低地天水地域は，メコン

表1 インドシナ天水稲作地域の3類型

	山岳焼畑農業地域	低地天水稲作地域	丘陵地天水稲作地域
主要地域	ラオス・タイ・ミャンマー・ベトナム北部山岳部	ラオス中部	タイ東北部
研究サイト	ホァイエン村（ラオス，ルアンプラバン県）	ナトン村（ラオス，カムアン県）	ノンセン村（タイ，コンケン県）
稲作の形態	陸稲1作（自給）	雨季水稲1作（自給）	雨季水稲1作（自給）
稲作以外の主要部門	畑作(トウモロコシ，ハトムギなどの商品作物)，特用林産物(自給＋販売)	家畜飼養（牛，水牛，豚など）（販売）	畑作（サトウキビ，キャッサバ，野菜などの商品作物）
農業経営の特徴	自給的農業	自給的農業	商業的農業
主要問題	地力低下，米不足のリスク	米不足のリスク	畑作の低収益性

川流域を除いた低地地域に広範にみられる．この地域では，降水量が2,000ミリを超える地域も多い．しかし，天水田であるため，最近の気象変動の激しさの影響もあり，雨季の到来が遅くなったり，ドライスペル（雨季に雨量が少なくなる期間）があったり，逆に洪水となったりと様々な要因が年によって農家のリスクを高めている．また，この地域では，自給的稲作を中心として，これに零細な家畜飼養が組み合わされた農業経営が多い．そのほか，特用林産物（きのこ，たけのこなど）採集や川での漁労などが組み合わされている．農業経営の中で販売目的が中心である部門は家畜飼養であるが，他の部門は自給が主目的である．主要販売部門の家畜飼養が零細であるゆえに，この地域の農家の農業経営は自給的農業経営であるといえよう．プロジェクトサイトはラオス中部のカムアン県マハサイ郡ナトン村に設定した．

　第3に，丘陵地天水稲作地域である．この地域においては，稲作＋畑作が代表的営農類型である．代表的地域の東北タイでは，自給的な水稲作とサトウキビの商品生産の組み合わせが基本となっている．自給的な稲作は，主として家族労働力によって担われているが，サトウキビ作は，雇用労働に大きく依存している．サトウキビ作は主要な現金収入源とはいえ，雇用労働費

のほか，肥料費，機械作業の委託費など現金支出額も大きいため，部門収益性が少ないのが現状である．加えて，連作に伴う地力低下の問題，さらにそれに対応した肥料増投による収益性の低下の問題が表面化してきている．

　他方，近年，水稲作，サトウキビ作に加えて，果樹作，野菜作，畜産が盛んになりつつあり，徐々に経営複合化が進展している．この地域における現在，および将来の農業経営の目標は，所得（現金収入）の向上である．降雨の不安定性に伴う水稲作収量の不安定性の問題はあるものの，米を自給しつつ，畑作部門や畜産部門で販売収入を向上させることが農家の基本的経営目標となっているといえよう．上記2地域の農業経営の目標が自給農業経営の安定化であるのに対し，この地域の農業経営目標は，商業的農業の展開と安定化にあるといえる．プロジェクトサイトはタイ東北部のコンケン県ノンセン村に設定した．

山田　隆一

(2) プロジェクト対象地の概況

1) ノンセン村（タイ）

①概況

　東北タイの主体をなすコラート高原は標高 200 〜 300 m で，数十 m 程度の高低差をもつ緩やかな波状地形を特徴とする．研究サイトのノンセン村は，その東北タイの中核都市コンケンから南へ約 45 km に位置する．開村は 1931 年に 8 戸の農家が移住・開拓したことに始まり，現在では総世帯数 207 戸，人口 990 人規模の集落（Baan）である．この村も他の東北タイの農村と同様に，小さな川沿いの低みには水田，その外側の高みには畑地等が広がる．1960 年代まで村の周囲はほとんど森林で覆われ，農民は各小流域の低みに立地する水田で主食用モチ米を栽培して自給自足農業を営んでいた．ところが 1970 年代以降，ケナフやキャッサバによる現金獲得機会の到来によって，農民は周囲の森林を伐採・畑地化していった．森林の多くは法律上政府所有であるので，農民は政府の許可なく開畑し自らの経営耕地と化したことになるが，現在では法律上の許可も得られ，政府自身も農村開発の一環として営農支援に乗り出している．各戸が個別利用するため池を無償造成する事業もそうした行政支援の一環であり，それを契機に農民は水稲だけでなく，野菜・果樹・肉用牛などの複合部門を導入し，サトウキビ一辺倒の経営から多様な所得源を持つ危険分散型経営への模索を始めている．しかし降雨の不安定性，集水域の狭隘性等の条件ゆえに農業生産に有効な貯水量を安定的に確保するのは容易ではなく，集水・保水技術の開発が焦眉の課題となっている．

②農業経営の実態

　ため池は，主に自給用の水稲作（モチ米）に使われるとは言え，貯水量自体が降雨に影響され，さらに養魚のために常時水位を 1.5 m 前後確保しておく必要上，池水の利用可能量は必ずしも十分でない．したがって基本的には天水依存の水稲作と言って差し支えなく，雨季開始時期の不確定性，7 〜 8 月のドライスペル（無降雨期間），雨季終盤の旱魃あるいは豪雨等によって，水稲生産は常に不安定でリスキーである．2004 年に実施した 100 戸へ

のアンケート調査によると，被害程度は別にして，過去10年間に7回以上干魃か洪水のいずれかの被害を受けた農家が48戸も存在し，4回以上まで含めると77戸にも達する．こうした厳しい現実ゆえに，ほとんどの農家は「水稲作は雨次第」という意識を根強く持っている．ちなみに，2004年産米の平均収量（籾換算）は，2.2 t/haと低水準で，こうした低収量は自給米不足を招き，米購入のための現金支出が増え，家計に大きな影響を及ぼす．

　農家の現金収入源は畑作で，先のアンケート調査によると，サトウキビを主要所得源としている農家は全体の87%にも及ぶ．サトウキビは，水田よりやや標高が高く保水条件の悪い圃場に作付けられる．2002〜2004年の3年間の作付状況をみると，全体の9割以上の圃場で，サトウキビを2〜3回作付しており，この村が如何にサトウキビに依存しているかが伺える．こうしたサトウキビ連作が，地力維持や土壌保全上好ましくないことは言うまでもない．その好例をあげると，サトウキビの第1回目の収量が概ね60 t〜90 t/haであるのに対し，株出しによる2回目の収量は30 t〜50 t/haと急減している．このことが肥料増投を余儀なくさせ，近年の収益性逓減につながっている．

　商品生産としてのサトウキビの労働力様式（働き方）を観察すると，自給的な水稲作とは非常に対照的である．つまり，家族労働力あるいは親戚の無償労働力によって担われている水稲作に対して，サトウキビ作では家族労働力が主力となっているのは施肥のみで，それ以外の作業は，外部委託や雇用労働力に依存している．畑地の耕耘は水田用歩行型耕耘機では難しいので，やむなく高馬力の大型トラクターを持つ大規模農家に作業委託せざるを得ないし，収穫は手作業で労力が最も必要となるにもかかわらず，品質や重量確保のために迅速性が要求されるので，家族労働力だけでは対応しきれず，雇用労働力に頼らざるをえない．さらに刈り取られたサトウキビを直ちに工場へ搬入するために，トラック所有者に運搬を委託しなければならない．このような外部に依存した一連の収穫・運搬作業は，サトウキビ作の中で最も資金の要る工程である．そのため資金に余裕のない小規模農家は，収穫直前に集荷業者に「青田売り」する．この販売形態にすれば，農家は契約合意さえすれば，即その場で現金が入手できるとともに，収穫・運搬はすべて集荷業

者が肩代わりしてくれる．もちろん，その分，農家の手取り現金額は少なくなる．

　以上，ノンセン村における農業を水田作と畑作とに分けて略述したが，最後に当村の農業経営の特徴を次のような総括して結語としたい．水稲作では天水依存ゆえに降雨次第の非効率な農作業を強いられ，さらにはたとえ田植えができても水管理はできず，その後の降雨次第では収穫さえままならない．このような降雨次第の水稲作において農民自らが決断・実行できる領域は，品種選択くらいかもしれない．一方，サトウキビ作は水の制約が少ないとは言え，トラクターやトラックの生産・運搬手段を持たず，しかも手作業中心の作業体系であるために，作業委託や労働力雇用という形で自家以外の外部者に深く依存せざるを得ない．したがって，施肥と除草くらいは自家で行なうが，それ以外の作業はトラクターやトラック所有者あるいは雇用労働力の都合に合わせた作業にならざるを得ない．このように水稲作では降雨という自然的制約，サトウキビ作では外部依存に由来する生産関係上の制約という二重の制約の中で，農業経営が行なわれており，自らの主体的な努力で経営を発展させ所得を増加させることが極めて難しい環境にある．このことは決して対象地のノンセン村に限ったことでなく，広く東北タイ地域全般に共通することと言っても過言ではない．

安藤　益夫

2）ホァイエン村（ラオス）

　ホァイエン村は，ルアンプラバン市から南に約 20 km 離れた山岳部にあるシェングン郡に属している．ルアンプラバン市からホァイエン村までは，隣村まで車で行き，そこから川を小舟で渡る．所要時間約 1 時間であるが，川の存在がアクセスを悪くしていることは否定できない．

　現在，当村には 100 戸以上が居住している．2005 年に村の合併があり，ホァイエン 1 村と他の 3 村が合併し，ホァイエン村となった．この合併によって，ホァイエン 1 村以外の 3 村の住民が耕地を残したまま，居住地をホァイエン 1 村へ移した．この合併は，北部山岳地域において，遠隔地の解消による行政サービスなどの効率化を目的としてラオス政府が推進しているもので

ある．合併前の 2002 年には 55 戸，333 人がホァイエン 1 村に居住していたので，合併によって，村の人口が倍増したことになる．ただし，未だに移住をためらっている農家もたくさんおり，今後，これらの農家が移住する可能性も十分あるため，さらに人口が増加する可能性がある．こうした村の合併に伴って，これまで交流したことのなかった異なる少数民族（カムー族とモン族）どうしが同じ村で協力していかなければならないという課題が残されている．それぞれの民族では，生活習慣や価値観，考え方などが異なる．これまでにも，協力体制づくりの難しさを村のリーダーは実感しているようである．また，合併によって，居住地だけが移動したため，圃場までの距離は以前よりもさらに遠ざかることとなった．

　ホァイエン 1 村の全耕地面積は 180 ha であり，うち，耕作地 50 ha，休閑地は 130 ha である（この数字は合併前のホァイエン 1 村の数字である）．耕作地 50 ha の内訳は，陸稲 35 ha，残り 15 ha にはゴマ，メイズ，ハト麦が作付けられている．これらの作物は 2000 年以降，市場における需要が高まったことによって，商品作物としてつくられるようになったものである．2000 年以前には，キャッサバ，ゴマ，メイズがつくられていたが，ほとんどが自給用であった．また，この頃は，陸稲の栽培面積割合が現在よりも大きかった．

　ラオス政府は，森林保護を目的として，1990 年代後半に焼畑禁止政策を始めた．これは，焼畑地域の農家にほぼ 3 ha の土地を与え，それ以外の土地では焼畑を禁止するという政策である（農家の家族数によっては，2 ha や 4 ha の土地保有もある）．1950 年代における焼畑の休閑期間は 20 〜 40 年であった．当時は，土地の所有権（保有権）がなく，自由に土地を使っていたようである．また，8 〜 9 年，同じ場所に住み，同じ畑を耕した後，他の場所に移動し，新しい畑を耕すというパターン（移動式焼畑耕作）を繰り返していた．その後，人口が増加したため，1980 年代には休閑期間が 7 〜 8 年になったといわれているが，焼畑禁止政策によって，休閑期間はさらに短縮し，平均 2 〜 3 年となった．この休閑期間の短縮は陸稲の収量低下を招いた．地力の低下がその主要因であると考えられている．1980 年代の陸稲の収量は約 1.2 t/ha であったが，それが現在，1 t/ha 未満へと低下したと

いわれている．この間の品種の変化はない．

　陸稲栽培における主要な作業は以下のとおりである．2月上旬～3月上旬に刈り払い，4月上～中旬に火入れを行い，4月中旬には農家は再び圃場に行き，圃場をチェックし，燃え残りを再び焼いたり，石などを取り除く．雨季の到来を待って5月上旬～6月上旬（雨季の到来が遅い場合）に播種を行う．7～10月にかけて毎月1回，除草を計4回行う．ただし，これは休閑直後の畑の場合であり，耕作2年目以降の畑の場合，播種前にも2回の除草作業を行う．播種後，4～5ヶ月過ぎて収穫（9～11月）となる．

　陸稲の収量低下が問題になる中で，焼畑耕作を行う農家の経営安定化にとって，2000年以降にその生産量を増やしてきた商品作物の位置づけは増しているといえよう．商品作物としては，ゴマ，ハトムギ，ペーパーマルベリー（和紙の原料）などがある．商品作物は，陸稲と同じく，焼畑で栽培される．多くの農家は自給用として栽培される陸稲と商品作物を組み合わせている．これら商品作物はいずれもが加工工場からの需要に支えられている．また，流通経路については，いずれもが加工工場との間に集荷業者が介在している．ゴマについては，集荷業者から加工工場へ販売された後，加工工場では食用油がつくられる．ハトムギの場合，集荷業者から加工工場へ販売された後，加工工場では乾燥され，菓子類などに加工される．

　農家の商品作物栽培の意向は強いが，焼畑面積が限られており，米自給のために一定の陸稲栽培面積は確保しなければならないため，商品作物栽培面積の拡大には制約がある．また，商品作物は価格変動の波にさらされるため，価格暴落時のリスクもある．そうしたことを考えた場合，作物だけでなく他の部門（畜産や養魚）の重要性も大きい．

山田　隆一

3）ナトン村（ラオス）

　研究サイトであるナトン村は，カムアン県マハサイ郡に属する．カムアン県は西部のメコン川流域とそれ以外の地域に分かれる．メコン川流域では，灌漑稲作が盛んであり，2期作や稲作（雨季）＋畑作（乾季）などが行われている．それ以外の地域では低地天水地域が広がっており，東部（ベトナム

国境) は山岳部となっている.

マハサイ郡はカムアン県のほぼ中央に位置し，そのほとんどは低地天水地域 (低地天水稲作地域) である．ナトン村は,マハサイ郡のやや西に位置し，村のすべての水田が天水条件下にある．マハサイ郡には，ナムトゥン 2 ダムが建設されており，その恩恵を受け，灌漑稲作が一部広がってきた地域もあるが，ナトン村には灌漑が全くない．その意味で低地天水稲作地域の典型といえる．ナトン村の総人口は，383 人，総農家数 66 戸，総農地面積 52.3 ha である．

ナトン村の農家における農業経営の中心は天水稲作である．5 月に播種を行い，5〜6 月にかけて耕耘機による耕起，整地を行い，6 月に移植を行う．収穫は 11 月に行う．この天水稲作においては，雨季の到来時期が重要であり，それが遅れると移植時期が遅れ，日照不足による低収量の危険性がある．また，乾季の始まりが早いと出穂時に水不足となり低収量に陥る．さらには，8 月や 9 月に洪水が起こることもある．ナトン村では，過去に深刻な洪水被害に遇い，深刻な米不足問題が起こったことがある．このように，天水稲作は，水のコントロールがほとんどできないため，リスクと隣り合わせなのである．このため，米不足の恐怖が常にある．通常の年 (水不足や洪水の被害が深刻でない年) においても，米を自給することができない農家は多い．

ナトン村では，平均耕作面積が約 0.7 ha と零細であり，かつ平均単収は 1.5 t/ha 程度である．米を自給できない農家は米を購入するか，他の農家や村の米銀行から借り入れている．米の購入資金には，家畜や特用林産物 (きのこ，たけのこなど) の販売代金，あるいは農外収入が充てられている．

稲作以外の部門としては，家畜飼養が挙げられる．主な家畜は，牛，水牛，豚，鶏であるが，牛，水牛，および豚の平均飼養頭数は，3 頭ほどで零細な飼養規模といえる．また，豚や鶏などの中小家畜の所有農家は，いずれも過半数を超えているが，牛や水牛などの大家畜の所有農家割合は，40% に満たない．大家畜は特に資産価値が高く，農家経済のリスクを軽減する役割を担っているが，大家畜を所有していない農家はリスクに晒されることとなる．その意味で牛や水牛の所有は農家経済上，大変重要である．

特用林産物については，きのこ，たけのこなどのほか，カエルや野鼠など

も捕獲され，食卓に上る．つまり，これらは農家にとって貴重なビタミン源，タンパク源なのである．村内に豊富に存在する森は，彼らの生活を支える重要な地域資源であるといえよう．

ナトン村では，かつて水牛による耕起が行われていたが，今では耕耘機が使用されている．しかし，耕耘機はナトン村の農家にとっては高価なものである．耕耘機所有農家のほとんどは，水牛数頭との直接交換，あるいは水牛の販売代金による購入によって，耕耘機を手にしている．耕耘機所有農家はそもそも水牛を豊富に持っていた農家が多い．また，これらの農家においては現在でも，牛などの飼養頭数が多い．さらには，水田保有規模も大きい（表2）．

表2 耕耘機所有農家と非所有農家の部門規模

	耕耘機所有農家	耕耘機非所有農家	検定結果
農家戸数（戸）	9	20	
水田保有面積（ha）	1.06	0.48	**
裏庭保有面積（m^2）	8	63	
家畜保有農家			
牛（戸，%）	6 (66.7)	4 (20.0)	*
水牛（戸，%）	5 (55.6)	7 (35.0)	
山羊（戸，%）	6 (66.7)	8 (40.0)	
豚（戸，%）	4 (44.4)	11 (55.0)	
鶏（戸，%）	9 (100.0)	17 (85.0)	
アヒル（戸，%）	2 (22.2)	2 (10.0)	
家畜保有頭羽数			
牛（頭）	2.3	0.6	*
水牛（頭）	1.9	1	
山羊（匹）	4.3	1.9	
豚（匹）	2.1	1.1	
鶏（羽）	20.3	9.9	*
アヒル（羽）	1.4	0.3	
特用林産物採集農家（戸，%）	8 (88.9)	19 (95.0)	
漁労農家（戸，%）	7 (77.8)	17 (85.0)	

出所：山田隆一（2010）：「ラオス中部天水地域の農業構造と貧困問題」，『開発学研究』第20巻第3号，p.53．
注1：農家調査結果（2007年）にもとづき作成．
注2：家畜保有農家数についての検定結果はχ^2乗検定結果であり，それ以外についてはt検定結果である．なお，*は有意水準5%，**は1%であることをそれぞれ示している．

図2　ナトン村の牛飼養

このように，耕耘機所有農家と非所有農家の間で格差があるようである．また，耕耘機を所有している農家は，適期作業が可能であるが，所有していない農家は適期作業が難しい．よって，生産力に格差が生じる可能性もあるといえよう．ただし，耕耘機所有農家がそれほど豊かなわけではない．稲作生産力が低く，余剰が生まれなければ耕耘機の減価償却費を積み立てることができず，耕耘機の再購入が難しくなるという問題をはらんでいる．もし，再度，水牛や牛などの大家畜の販売によって耕耘機を購入するとすれば，農家経済はリスクに対して脆弱にならざるを得ないであろう．

山田　隆一

コラム

サイト選定の重要性

　研究プロジェクトでも開発プロジェクトでもサイトを決めることが多い．なぜ，サイトを決めるのだろうか？それは，限られた予算，人材を有効に使うためである．特定のサイトに限定しなければ，研究を深めることはできない．1つのサイトで長年，研究を行っているグループや個人は多い．そうしなければ，真実に辿り着かないからである．

　では，何を頼りとしてサイトを選ぶのだろうか？それは，まずサイトの持つ意味を考えることから始まる．一定の地域内の平均的な地域，あるいは代表的な地域をサイトとする場合が多い．この背景には，たとえば，サイトで自然科学的な知見，社会科学的な知見を得たとき，あるいは技術を実証し普及が可能となったときに，その特定サイトだけでなく，他の地域（サイトが代表する地域全体）にも，その知見が当てはまり，また技術が普及するであろうという考えがある．そうでなければ，1つの村での発見，実証に留まってしまうのである．しかし，平均的，代表的といってもそれほど簡単ではない．社会科学では，たとえば，1戸あたりの農地の規模，部門構成（たとえば，稲作単作なのか，稲作＋畑作，あるいは，稲作＋畜産なのかといったようなこと），農業以外の就業機会の存在，農産物市場の存在など，考慮すべきことが多いのである．自然科学でも，降水量，水利用状況，土壌の種類（土壌肥沃度），地形など，これまた考慮すべきことが多い．では，このようなたくさんの基準を目の前にして，どのようにサイトを決めるか？それはプロジェクトの原点に立ち返って，プロジェクトの目標に照らしてみた場合にどの基準がより重要なのかということを判断することである．本天水プロジェクトの例でいえば，まず天水地域であることが前提である．そこでまず地域が絞られる．また，複合化を目標として掲げている故に，複合化が十分に実現されている地域やその条件が既に十分あるような地域ではなく，複合化が

遅れているが，その可能性が少しでも存在する地域を選ぶのが妥当である．さらには，ラオスの低地天水地域の大きな特徴である貧困ということを考えた場合に，平均よりやや貧困な地域を選ぶのがよいと考えた．そこで，1戸あたりの農地規模が小さく，農外就業機会にそれほど恵まれておらず，農産物市場からもそれほど近くない村をサイトとして選定した．また，このサイトは，ラオス中部低地天水地域の典型的な営農形態（稲作＋畜産＋特用林産物採集）を主要な営農形態としていることも考慮の対象となった．この営農形態の場合，複合化が十分とは言えないが，今後複合化の可能性があると判断された．さらには，村内すべての農家が天水稲作を営んでおり，降水量もラオス中部地域としては平均的な降水量である．こうしたことを総合的に考慮してプロジェクトのサイト選定を行った．最後にサイト選定において，大変重要なことを1つ記したい．それはなるべく多くの村を見て歩き，聞いて歩くということである．統計が整備されていない開発途上国におけるサイト選定は，こうした多くの村の予備的現地調査を伴うものであることを心得ておくことが極めて重要である．上記のいくつかの基準も統計から得られるものはほとんどなく，このような予備的現地調査によって得られるものなのである．

山田　隆一

3. 農業経営研究

ナトン村の田植えの様子

（1）東北タイ農業の特徴
1）タイにおける東北タイの位置
　タイは1980年代以降，製造業・サービス業を中心にめざましい経済発展を遂げ，今や開発途上国の域を脱したと言っても過言ではない．そしてこの発展は，裏を返せば，農林水産業の地盤沈下の過程とも言える．ところが，全就業者に占める農林水産業従事者，国土に占める農地，さらには輸出総額に占める農林水産関連産業の割合をそれぞれ見る限り，今なお，タイ農業は統計数字で示される以上に重要な役割と意義を持っている．他の目覚ましい経済成長を遂げたアジア諸国とタイが異なるのはまさにこの点である．

　タイ農業は，中央部・北部・南部・東北部の4つの地域に区分される．このうち中央部はチャオプラヤ川の肥沃なデルタ地帯を擁し，灌漑施設も整備された一大穀倉地帯である．多くの日本人がイメージする米輸出国としてのタイは，この中央部に由来している．それとは対照的に，東北部はタイ農家の約半数が居住し，4割を越える農地が存在しているにもかかわらず，灌漑率が1割にも満たず，脊薄な土壌と不安定な降雨条件下で厳しい農業生産を強いられている．そのため，中央部が多収性品種による集約栽培が展開する稲作先進地域であるのに対し，東北部はそうした多収性を発揮できる条件すらなく，依然として天水依存の不安定な水稲生産が行なわれている．一方，畑作については，東北タイではキャッサバやサトウキビの輸出向け商品生産が展開し，外貨獲得に大きく貢献するとともに，農民の貴重な現金収入源となってきた．しかし残念ながら，東北タイの農業所得はタイの中で最も低く，バンコクへの出稼ぎ等による農外収入依存が高い．その結果，東北タイ＝貧困地域と位置付けられている．

2）輸出志向の畑作農業
　タイは1960年年代前半には国土の50％以上が森林に覆われていた緑豊かな森林国家であった．ところが，この40年間に国土の約30％にあたる森が消失したと言われている．特に東北部は，他の地域に比べて1970年代後半以降急速なペースで森林が減少した．そしてこの森林消失は畑作農業の

展開と表裏一体の関係にあった．タイの伝統的輸出農産物といえば，多くの日本人は米や天然ゴムを想起するだろう．これらは主に中央部や南部が産地である．ところが，1970年代以降には，それらに加えてケナフ，キャッサバ（家畜飼料タピオカの原料），メイズ，サトウキビが進展し，輸出成長率に拍車がかけられた．東北タイはこれら輸出畑作物の一大供給基地であり，そのための畑地が森林伐採によって確保されたのである．その変化をやや具体的にいえば，70年代から90年までは，キャッサバが圧倒的なシェアを占め，その後，EU農業政策の変更によって90年代にはキャッサバが減少し，サトウキビが徐々に増加してきた．サトウキビは80年代までは中央部が主流であったが，90年代後半以降中央タイの作付面積が停滞する一方で，東北タイが急速に拡大した結果，現在では東北タイはタイ最大のサトウキビ産地となっている．こうした産地移動は，製糖会社がより安価な原料調達を求めて労賃水準の相対的に低い東北部へ生産拠点を移転した結果とも言える．

3）農業複合化の胎動

　こうした輸出向け畑作物の展開によって，東北タイの農家の所得が大きく向上した．事実，タイ版「三種の神器」と言われるオートバイ・テレビ・冷蔵庫が農村に広く普及し，ピックアップカーを持つ農家も出現した．しかしその一方で，森林壊廃に伴う林産資源の枯渇，土壌流亡，連作による地力低下，病虫害の多発，さらにはサトウキビへの過度の依存による価格・気象変動リスクの増大など，地域や個別経営の面で諸々の弊害が顕在化してきている点も見逃せない．また単作化は出稼ぎと連動し家族崩壊の温床になることも指摘されている．これら一連の弊害への対応策として，農業複合化の取り組みが注目され，1997年の金融危機を契機とした出稼ぎ者の帰農がこの動きに拍車をかけた．

　複合化推進は大きく2つの流れに整理できる．1つはいわば「下」からの草の根運動と言えるもので，NGOの支援や僧侶主導のもとで行われる有機農業や持続可能農業の取り組みである．もう1つはプミポン国王提唱のロイヤルプロジェクトやその理念を継承した政府の農業構造改善事業による「上」からの行政的推進で，これらは政策的補助を梃子にため池を造成し稲

作の安定化を図り，さらに野菜・果樹・畜産・養魚の導入によって自給経済の安定化を目指している．しかし現実には複合化の定着は容易でない．1997年にコンケン大学が実施した東北タイの6県24郡を対象とした調査によると，農家総数335,974戸のうち複合化に取り組んでいる農家は10,712戸で，その構成比はわずか3.2%に過ぎなかった．こうした数字から推察できるように，サトウキビ作に依存したこれまでの畑作農業の展開に諸々の弊害が噴出しているものの，現段階ではこれに匹敵するだけの高い収益性の作物が見あたらない以上，農家としてはサトウキビ作を継続せざるを得ないのが現状である．

安藤　益夫

(2) ラオス農業の複合化への道

　ラオス天水地域は，天水農業が行われている地域で貧困問題を抱える地域が多い．ラオスの天水地域は，北部山岳部の焼畑地域と低地天水地域に分けられる．この2つの地域は，営農形態が大きく異なるので，抱える問題も課題も異なる．以下，それぞれに分けて，複合化への道を述べることとする．

1) 低地天水地域

　ラオスの低地天水地域の営農においては，水稲作が中心部門である．雨季1作の天水稲作は生産性が低い．この天水稲作は，在来種を使用した稲作で，化学肥料，農薬はほとんど使用されていない．唯一の投入は牛糞や水牛の糞であるが，牛や水牛を保有していない農家では糞の投入も少ない．ただし，乾季に水田内で牛や水牛の放牧が行われているので，わずかながらの投入はある．

　さて，このような稲作における収量だが，中部天水地域の研究サイトであるカムアン県マハサイ郡ナトン村では1.5 t/ha程度である．この村の場合，耕地面積が狭く，平均1 haもないため，米を自給できない農家も多い．米を自給できない農家は米を購入したり，米を借りたりするのである．米を購入するには現金が必要である．その現金をどこから得るか？それは他部門，すなわち家畜飼養，あるいは特用林産物採集などに依存しなければならない．農外就業の場もあるが，限られている．特用林産物（キノコ，たけのこ，野草など）については，自家消費の残りを道端で細々と販売しているので，得られる現金収入には限りがある．そうであれば，家畜飼養が重要となってくる．家畜の種類は，牛，水牛，豚，鶏などであるが，ほとんどの農家では零細飼養である．現金収入源として特に価値の大きい牛や水牛などの大家畜を所有していない農家では，米の凶作（年によっては，干ばつや洪水などの被害による凶作が起こる），家族の病気などの際のリスクがより大きく家計に圧し掛かってくる．その意味では，家畜の種類や頭数を増やすことがリスク回避につながる．これが現段階での農業複合化の最大の意義である．そのためには，牛銀行が有効であろう．牛銀行とは，県の女性同盟などが中心と

なって，農家への牛の貸付けを5年ほど行ない，その間に産まれた子牛を半分ずつ分け合うシステムである．この牛銀行は，牛を所有していない農家に優先的に牛を貸し付けている．

　しかし，牛銀行がどこの村でも，また誰でも利用できるわけではない．牛銀行も少しずつ広がりをみせているものの，やはり農家自らが家畜（子牛など）を購入できる現金が必要である．そのためには，農家のわずかながらの現金が米の購入に向けられないようにすることが重要である．つまりは米の収量を向上させ，米の自給を図ることである．これこそが農業複合化の近道である．ナトン村のような零細稲作地域では米の自給がまず農家の最大の経営目標となる．また，米が何とか自給できる地域での米の収量向上は，現金収入獲得につながり，それが複合化の可能性をさらに広げる．経営における新たな部門の導入には，資金が必要となることが多い．特に畜産，そして養魚がそうである．養魚を始めるには池の造成が必要である．現金収入が生活資金に回されるか，営農資金に回されるかで複合化が左右されるといえよう．

2）北部焼畑地域

　ラオス北部山岳地域では，焼畑が行われている地域が多い．これらの地域では，焼畑で陸稲のほか，商品作物が栽培されている．しかし，政府が推進する農家への土地分配事業が終わっている地域においては，焼畑を行うことができるのは，保有畑の中のみであり，その面積は2～3 haである．しかも，休閑をしながら焼畑を行わなければ地力の低下は著しくなるため，1年で耕作できる面積（焼畑面積）はせいぜい1 haであり，残りは休閑地にしなければならない．よって，陸稲栽培を拡大して米の自給を図ろうと思えば，商品作物の栽培面積を減らさなければならないし，商品作物栽培を拡大し，現金収入を増やそうと思えば，陸稲栽培面積を減らさなければならず，自家飯米が不足することとなる．

　北部焼畑地域の研究サイトであるルアンプラバン県シェングン郡ホァイエン村では上記のような地域の典型であり，休閑期間は2年程度である．かつて土地分配を受ける前に自由に焼畑を行っていた時代には休閑期間が7～8年あって地力がほぼ維持されていたが，土地分配後の短い休閑期間が原因と

なって地力が低下してきている．今では陸稲の収量が 1 t/ha 未満の農家も多い．

　今のままの焼畑では，限界があることは目に見えている．その意味で他部門が重要となってくる．それは家畜飼養と養魚である．しかし，焼畑の場所が制約される中で家畜飼養場所（休閑地）が制約され，牛や水牛などの飼養頭数は減少傾向にある．また，村の合併により人口が増加したため，豚などの放し飼いが禁止され，豚の頭数も減少傾向にある．こうした中で養魚が注目される．養魚農家は未だ少数であるが，養魚可能な場所の確保と池の造成負担という課題を克服できれば，養魚農家は増えていく可能性がある．

　北部焼畑地域の複合化への道は容易ではない．こうした中で，緩やかな傾斜の斜面をより平坦にして，養分をそこに集積させ，常畑化することが1つの解決策になるのではないかと考えられる．これによって商品作物栽培の増加が可能となり，現金収入が増えれば，養魚導入などにもつながる可能性が出てくるであろう．

山田　隆一

コラム

イサーン農民の知恵

　タイの40%を越える水田は，イサーンと呼ばれる東北部にある．にもかかわらず，イサーンは決して「米どころ」とは呼ばれない．砂質の脊薄土壌に加えて，天水依存の稲作ゆえに，米の収量が低く不安定だからである．こうした過酷な環境条件にあっても，イサーンの農民たちは知恵を凝らして主食のコメを作り続けてきた．その一端を紹介しよう．

　緩やかな波状地形に立地する水田は，底部に位置し保水・集水条件に恵まれた低位田，および比較的上部で水条件に恵まれない高位田の2種類に大別できる．当然，収穫確率は低位田で高く，高位田で低い．そこで，農民たちは低位田には自家飯米用のモチ米を植え付けて，自らの食い扶持を優先的に確保する．一方，高位田には接客や販売用のウルチ米で，できるだけ耐干性のある米を植え付ける．このように圃場の立地特性に応じた適正な品種選択を実践している．稲の植え付け後は，1～2回の施肥は行なうものの，病害虫防除も除草もほとんどしない．日本的感覚からすると，怠慢な稲作と映るかもしれない．しかし，不安定な降雨条件を考えると，必ずしも怠慢とは言えない．というのも，日照り続きで折角植えた稲が枯死したり，あるいは収穫直前に長雨による洪水で稲が水に浸かって壊滅することがたびたびあることを考えると，たとえ肥料や除草剤を施しても，それが必ず実を結ぶとは限らないからである．このように稲作が気象条件に大きく左右され，確実に収穫できる確率が低い状況の下では，できるだけ投入量を少なくすることが，リスク軽減の観点から一定の経済合理性があるわけである．

安藤　益夫

4. 水資源に関する研究

ノンセン村のため池

（1）見えない地下水の量を探る

　地下水の過剰採掘が世界中で問題になっている．しかし，地下水はため池のように農地をつぶす必要が無く，条件がよい場合は「自噴」するので，動力を使うことなく水道のように使える場合もある．要はどの程度の量ならば安定的に使えるかを知り，その範囲内で利用することである．

　プロジェクトサイトのノンセン村を含むバンファイ小流域の土壌構造は地域的に大きく2つの地質層に分類できる．まず岩塩層を持つマハサラカムユニット．この地層の地下水は塩害の危険性が高いので利用できない．もうひとつは岩塩層を持たないアッパープートクユニット．この地層は250～600 mの厚さで帯水層があり，その水を利用することができる．さらに細かく見ると，バンファイ小流域のチー川沿いでは，その上を最大で厚さ30 mのアルビウムウユニットが覆っている．

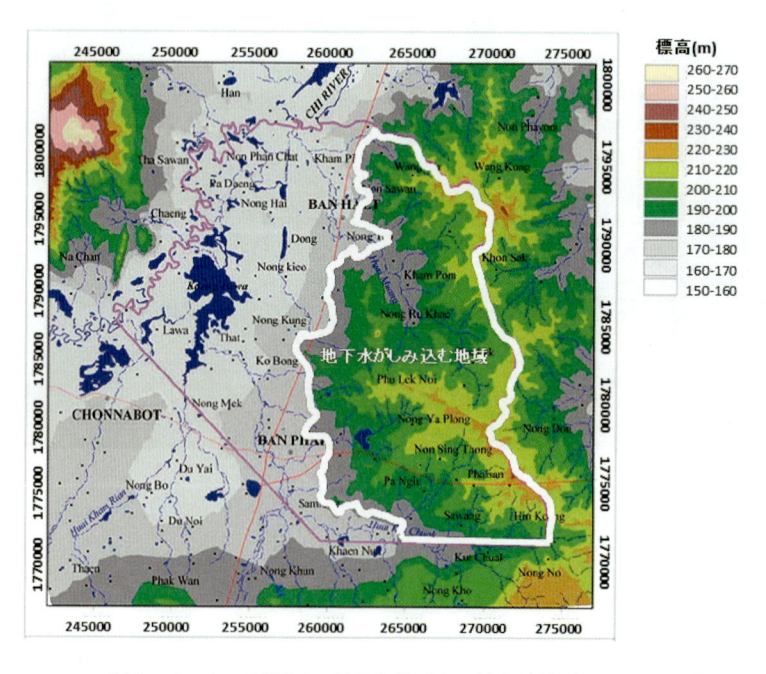

図3　ノンセン村周辺の地形と地下水の補充地域（しみ込む地域）

(1) 見えない地下水の量を探る　29

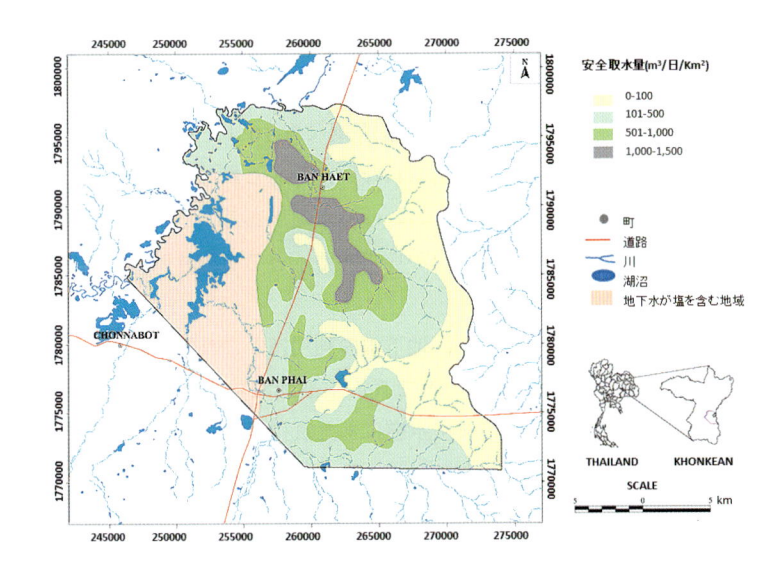

図4　ノンセン村周辺の地下水の安全取水量マップ

　標高約180 m以上の地域はアルビウムウユニットがなく，降った雨はここからアッパープートクユニットに入る．そしてアルビウムウユニットの下をくぐってチー川付近にわき出る．その途中でアルビウムウユニットに穴を開ければ，水圧で水が噴き出すため，ポンプなしに水を利用することもできる．これは被圧地下水と呼ばれている．

　ここで，最初の疑問である．どのくらいまでなら地下水を使って良いか？それは，わき水が涸れてしまわない程度ということになる．これをVISUAL MODFLOWというソフトウェアで3次元的にシミュレーションした．結果は安全取水量が1日平均 $0.1 \sim 0.2$ mm, $0.2 \sim 0.3$ mm, $0.3 \sim 0.4$ mm の地域がそれぞれ，5割，3割，2割となった．

　では，この水でどのくらいの作物が生産できるか？一般的な栽培法だと，トマトを作るのに1日6 mmの灌水が必要である．したがって，一番安全取水量が小さい地帯の場合，40分の1の面積だけで野菜作りをすることができるということである．以下，24分の1，17分の1となる．

さて，ノンセン村の農家の所有地は平均300 a くらいである．一般に野菜農家として経営して行くには1戸あたり30 a 必要といわれているが，それは農地の22分の1にあたる．つまり井戸水だけで野菜専業経営ができる農家は約半数ということになる．自家消費野菜なら10 a くらいですむので，すべての農家が地下水で賄えるかも知れない．かもしれないというのは，実際の地下水は流れ方に濃淡があり，いわゆる水道（みずみち）がある．どこを掘っても同じように水が出てくるわけではないからである．どこを掘れば水が出てくるかは，別次元の問題である．

さて，このように考えてくると，地下水の利用はかなり限界的なものに思えてくるが，慣行の100分の1の水で栽培する節水栽培技術と組み合わせるとガラリと変わってくる．うまく水道にあたれば全農家が野菜専業経営できるということになる．

小田　正人

(2) 日本人の常識をこえた田んぼ

　日本にいると田圃と畑の違いは明確である．田圃は一枚毎に周りが畦で囲まれていて，中は平らである．田圃全体に同じ深さで水がためられるようになっている．そして水を入れる水口と水が出ていく水尻で，水の量や高さを調整できるようになっている．畑はというと，大抵傾きがつけられている．普通畝がたてられていて，どちらかといえば水はけがよくなるように工夫されている．

　ノンセン村ではというと，畑は日本と大きくは変わらない．傾斜があり畝をたてて，サトウキビやキャッサバなどの商品作物が植えられている．しかし，田圃はよくみると随分違っている．一枚毎の田圃は日本と同じように畦に囲まれている．しかし平らではない．一枚の田圃の中に数十cm，なかには1m近い高低差がある田圃もある．一方，畦の高さは20〜30cmである．つまり田圃全体に水がたまるようになっていないのである．この様子は田植

図5　一部にしか水がたまらない田圃

えの直後の時期に見るとよくわかる．どの田圃も図5のように一部にしか水がたまっていない．田圃にたまった水は畦の低い部分から次の田圃に流れ出るようになっているが，水の深さや量は調整できない．もっと驚くのは乾季，稲が植わっていないときである．表面を覆っている草を除いてみるとその下はさらさらの砂になっている．日本の田圃ではちょっと考えられない．砂の器ならぬ砂の田圃である．ノンセン村の田圃は天水田である．川などから水を引いてくる水路はない．小さなため池はあるが，その場に降った雨が頼りの米作りである．東北タイは雨季と乾季がはっきりしている．天水田では乾季に稲作はできない．よくて一年一作である．「よくて」というのは雨の降り方によっては，雨季でも米作りができない田圃も多いからである．2年に一度，あるいは3年に一度しか米を作ることができない田圃もある．私たちが調べた結果では，低いところにある田圃は毎年稲が作られているが，高いところの田圃では半分の田圃にしか稲が植えられていない年もあった．

このような田圃は必要な時いつも水を張れる訳ではない．水を張ることができるのは雨季の間でもほんの一時期だけで，日本の田圃とは随分違う．雨まかせの天水田であるが雨の降り方も日本とは違っている．コンケンでの年間雨量は平均1,200 mm程度で，日本の北関東や東北地方太平洋側と同じ位である．雨季は5〜10月頃といわれているが，その中のいつ雨が降るかはかなり気まぐれである．日本のように計画的な作業は難しく雨が降ったら代かきや田植えをするという，まさに雨次第で作業を行う．そこで1日の中の雨の降り方について，少し詳しく調べてみた．そこではっきりしたのは，図6に示すように雨は主に夜降る，特に30 mm/hをこえる強い雨は夕方から夜半にかけて多く発生していた．また，弱い雨も含めれば，10分以上降り続く雨は半分もないことがわかった．つまりノンセン村では，雨は田圃にあまり人がいない夜に多く降り，しかも長続きする雨は少ないということになる．

しかし，日本と同じように田圃は毎日食べるお米を作る場所である．そのために村の人たちは様々な工夫をして，少しでも多くの米を採るように努力をしている．

図7に示したのは途中までの畦である．田圃の中で水がたまるところを

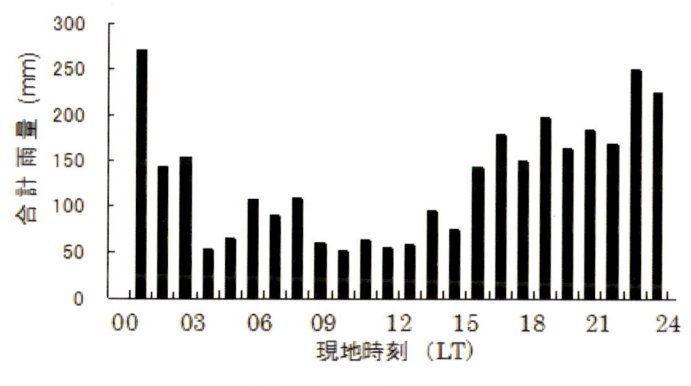

(2) 日本人の常識をこえた田んぼ　33

図6　一時間毎の雨量

図7　途中までの畔　雨が降れば三角の部分は水がたまる

増やす工夫である．雨の後，畦の片側にだけ三角形に水がたまる．また，水の調整をしたいときは，鍬で畦を切る．さらに田植えをしたあと雨が降らなかったときには，耕耘機のエンジンを利用したポンプを使って近くのため池の水を田圃にくみ上げる．これらは，夜中に短時間，勢いよく降る雨を資源として活かすための努力である．

　最近，ノンセン村でも田植えではなく図8のように種籾を直接田圃に播く直播が多くなっている．これは，田植えに必要な雨がなかなか降らなかったことにもよるが，田植えに必要な人手が雨任せの日程では集まらなくなってきたということもある．現在は水田の作業には図9のような耕耘機が使われることが多いが，この機械化にあわせた区画整理も行われている．しかし，現在すでに畑では一般的に利用されている乗用トラクターが，水田でも耕耘機に代わって使われるようになるかもしれない．そうなると一枚の田圃をさらに大きくしたり，平らにしたりということが行われるかもしれない．天水田という条件の中で機械化や省力化をどのように進めるかが今後の課題

図8　田植えをせずに田圃に直接種籾を播く直播が増えている

になると考えられる．

小倉　力

図9　農作業の主役耕耘機
奥の耕耘機はポンプのエンジンとして使用中

(3) 伝統的技術ファーイを見直す

1) はじめに

　ファーイとは，小河川を完全に土手の堤防で堰き止め，堤防の左右から越流した雨水が中・高位の水田に配水される伝統的な水利用システムである．このファーイの存在に関する報告はいくつか見られるが（たとえば，Hoshikawa and Kobayashi, 2003），この水文学的機能を具体的な数値で評価した事例は無かった．幸運にも，天水農業プロジェクトでは，ため池や水田での貯水量に関する観測データおよび河川流量の実測データなどがデータベースに収められており，これらのデータを用いれば，ファーイの水文学的機能を評価できると考え研究を開始した．

2) 方法・結果

　対象流域は，ノンセン村を含む全集水域（19.72 km^2）とし，クイックバード衛星画像をトレースして土地利用を判読した（図10）．多くの水田は小さな谷筋の低位部に沿って分布しており，降雨だけでなく，高位部からの雨水も水田に自然と流れ込むようになっている．さらに，土地利用をよく調べると，小流域1（SubC 1）はファーイの構造物が少なく，一方，小流域2（SubC 2）はファーイが多数存在しており，さらに，水田の配置も等高線に綺麗にならんでいるという特徴を有していることが分かった．

　ファーイの水文学的機能を評価するに際しては，既存の観測データのみで評価することは難しかったことから，水文モデルを構築し，シミュレーションによって評価することとした．図10に示したように，対象流域では様々な形状の土地利用が乱雑に入り乱れていることから，水移動を2次元で計算する分布型のモデルの適用は難しい．そこで，代表的な土地利用毎に面積を集約して，土地利用毎に水動態を計算する準分布型のモデルを適用することにした．土地利用は，畑地・森林，水田，ため池（ファーイも含む）の3つに分類した．流域は小流域1, 2, および，その他の流域に分割し，それぞれの小流域毎に構築した水文モデルを適用した．計算結果の一例として，流域末端での流量の結果を示す（図12）．これを見ると極めて良好な計算結

(3) 伝統的技術ファーイを見直す　37

果であり，シミュレーションによる機能評価も可能であることが分かる．

さて，ファーイの水文学的機能評価を行うに際しては，ファーイの少ない小流域1を計算する際に，ファーイの多い小流域2のモデルパラメータを

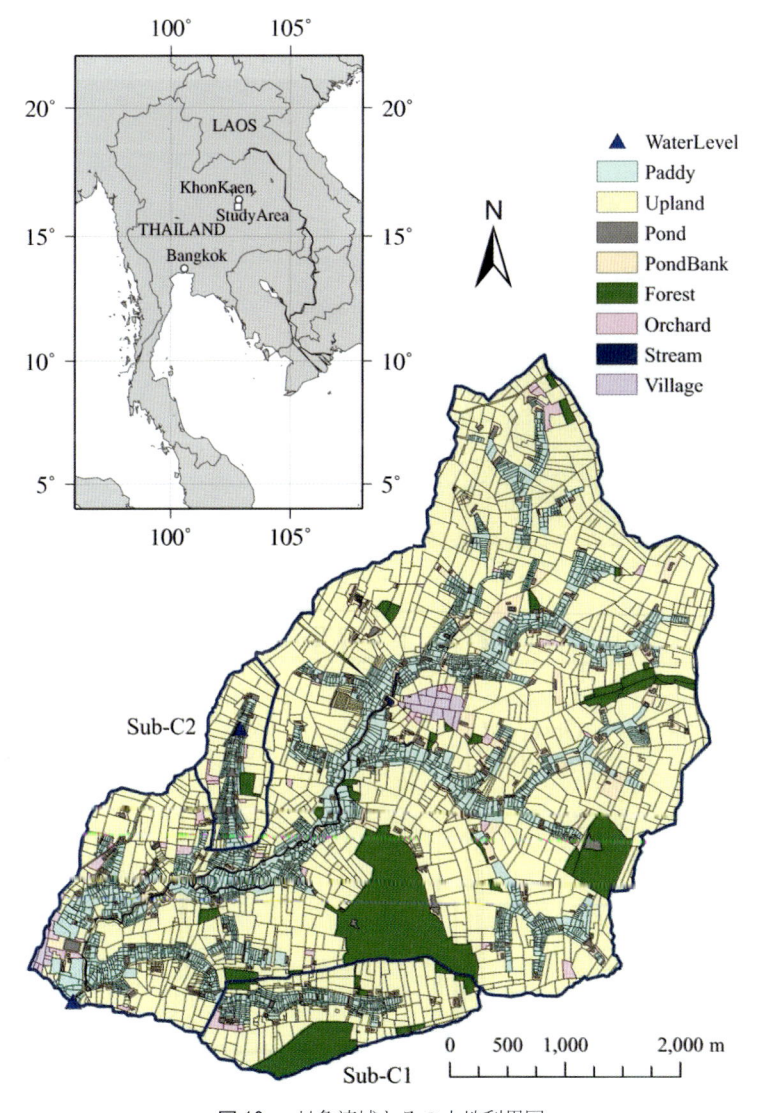

図10　対象流域とその土地利用図

用いることによってシミュレーションを行い，実際の状況と比較した．水田での貯水量の結果として，実際の湛水状況とファーイ導入時の状態を比較した（図13）．この結果から，ファーイを導入することによって，貯水量は19,997 m^3（2002年）ないし16,897 m^3（2003年）も増加しており，この値はため池総貯水量のそれぞれ48％，41％にも相当する量であることが分

図11 ファーイからの越流の様子

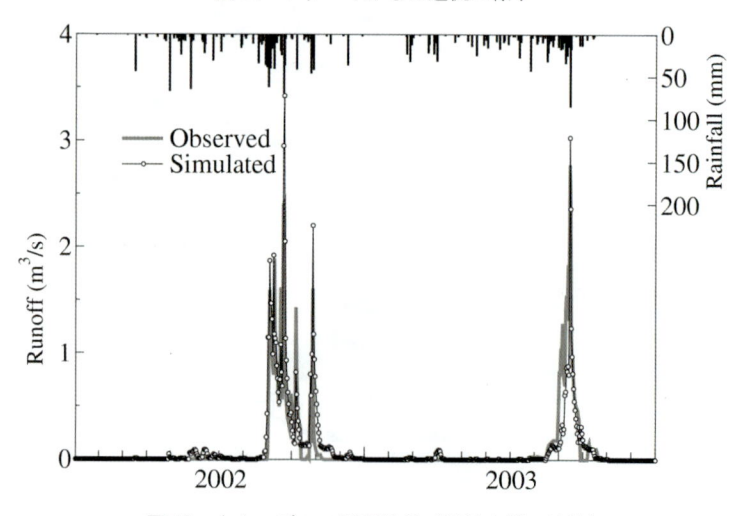

図12 水文モデルの再現結果（流域末端の流量）

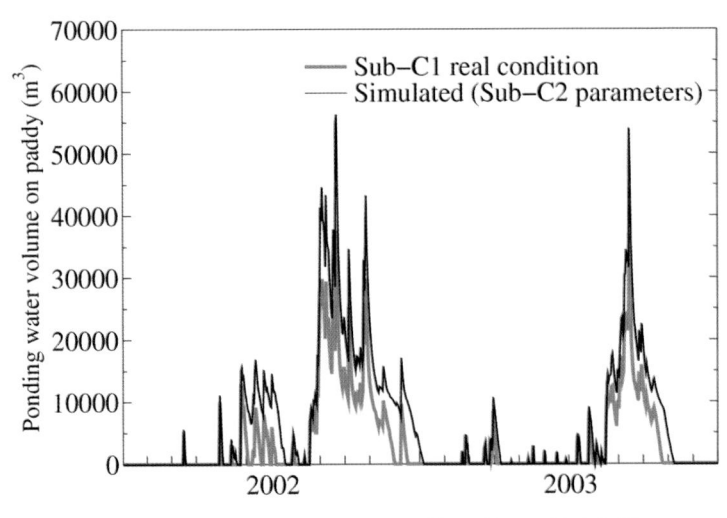

図13 ファーイのシミュレーション結果（水田の総貯水量）

かった．一方，水田での貯水量を増加させることは下流へ影響を及ぼす可能性があることから，全流域において小流域2のモデルパラメータを用いることで下流への影響も検討した．その結果，年間の水収支には大きな影響は現れなかったが，最大で44.3%（2002年9月），36.5%（2003年9月）も流量が減少する結果となっており，雨季の終わりないし乾季の始めにおける流量減少の影響は極めて大きいことが分かった．

3）まとめ

伝統的な水利システムであるファーイの水文学的機能を水文モデルによって評価したところ，水田の貯水量を効果的に増加させていることが分かった．また，余りにもファーイの数が多いと，下流へのインパクトも大きくなる可能性が示された．対象地域では水争いの様なことは生じていないようだが，今後ますます不安定になることが予想されている気象状況を考えると，水に関する争いが生じることも否定できない．そのため，今後は，最適なファーイの規模や構造などの実証的研究だけでなく，ため池や地下水も取り込んだ総合的な研究も重要となるであろう．

藤原　洋一

(4) 衛星から焼き畑の周期を知る

　インドシナ半島の内陸部に位置するラオスはGDPの50%以上を農林業に依存しており，北部および東部山岳地域では焼き畑による陸稲栽培，メコン川流域平原では水田稲作，南部高原地域では園芸作物の栽培など，立地条件に対応した農業が営まれている．なかでも主食であるコメはもっとも重要な基幹作物であるが，稲作面積の7割以上を天水田が占めており，山地傾斜地の多い北部地域では稲作面積の約半分が陸稲である．この地域では図14に示したように焼き畑が広く行われてきたが，近年の森林保護政策によって焼き畑による新たな開墾が禁止され，短期輪作への転換が進んでいる．ラオス北部のルアンプラバン近郊で見られる一般的な輪作体系は，1年間陸稲を栽培した後，2～3年間休閑し，伐採・火入れを経て再び耕地利用する方式である．基幹作物である陸稲以外にゴマやハトムギ等が栽培される場合もあるが，休閑期間の短縮に伴い，除草作業に要する労力不足や生産性の低下が懸念されている．

　低投入で持続的な陸稲生産を行うには，休閑によって十分に地力を回復させる農地管理が求められる．このような管理技術を開発するには，休閑のサイクルや山間地に広く分布する農地の状態を把握する必要があるが，こうした調査には多くの時間的・労力的コストがかかり，道路や交通手段が限られる開発途上国では困難な場合が多い．このため，衛星を利用したリモートセ

図14　ラオス北部の焼き畑景観
左…火入れ　右…手前：収穫期の陸稲　奥：休閑地

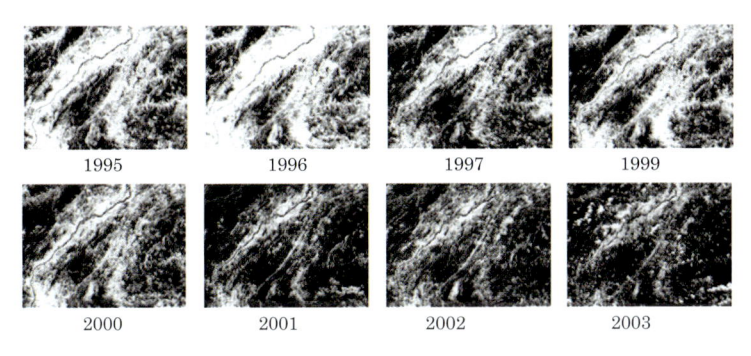

図15 乾季の衛星データから抽出された裸地域
□裸地域　■非裸地域

図16 1995-2002年の耕作頻度

耕作頻度	面積 ha (%)
0（森林）	76588.5 (17.3)
1	72353.5 (16.4)
2	56231.3 (12.7)
3	38120.8 (8.6)
4	44651.8 (10.1)
5	32393.3 (7.3)
6	21648.8 (4.9)
7（天水田）	40825.1 (9.2)
河川	11778.0 (2.7)
市街地	1639.1 (0.4)
その他	45369.0 (10.3)

ンシングによる農地のモニタリングへの期待が大きい．

　アメリカが打ち上げたLandsat衛星にはTM及びETM+というセンサが搭載されており，16日周期で地球を周回しながら，可視域から中間赤外波長域まで6バンドを使って地上分解能（解像度）30 mで地表面を観測している．こうした衛星データからは，植生や土壌，水に関する多くの情報が得られるが，なかでも植被の有無や森林伐採は高い信頼度での判定が可能である．5～11月に陸稲が栽培された圃場は，収穫後の乾季には裸地に近い状態となるが，休閑中の圃場は乾季であっても植生が維持される．一方，休閑

を経て耕地化する場合は乾季にあたる2月に休閑林を伐採し，3～4月に火入れが行われる．したがって，衛星データを使って乾季終期の植生の有無を調べれば，耕地か休閑地かを判定できる．図15は1995～2003年の乾季後期に観測された8シーンのLandsat/TM及びETM+から植被の有無を判別した結果である．ラオスでは1996年の森林法や1997年の土地法の制定に伴い土地所有や土地利用の規制が進んだが，この図からも耕地とみなされる裸地域が年次を追って減少していく様子が見て取れる．

各年次の判読結果を観測年次順に並べることでこの期間の耕作頻度や休閑期間を知ることができる．図16は1995年の雨季作から2002年の雨季作までの耕作頻度を示したものであるが，対象地域のうち，約77,000 haは7回の作期中，一度も耕作が行われず，休閑林または森林として維持された一方，41,000 haは毎年，耕作されていたことがわかる．一方，耕作と休閑が繰り返された場所では，7作期中1～2回の耕作が行われた面積は129,000 ha，3～4回の耕作は83,000 ha，5～6回の耕作は54,000 haと推定された．

休閑が唯一の地力回復策である地域では，耕作頻度が高くなるほど地力の損耗が激しくなりやすい．耕作頻度や休閑期間を把握することは適切な農地管理のための第一歩であり，衛星データを活用したモニタリングが果たす役割は大きいといえよう．

山本　由紀代

コラム

水の動きを研究サイトで計る

　調査対象としたナトン村内の天水田は非常に広範囲に及んだことから，数十点といった多地点において水田湛水深や浸透量を測定して，水田における水の動き・特徴を把握する必要があった．

　まず，湛水深は水位計を用いるのが最も容易であるが，全地点に自記水位計を設置することは非常に経費がかさむ．また，盗難の恐れもあることから現実的ではなかった．そこで，非常に小型でありながら安価な温度データロガーを地面から数センチ間隔に取り付けて温度を測定し，空気と水の熱容量の違いによって生じる温度日変化の違いを判別することによって，水田湛水深をモニタリングできることを思いつき，実際に開発した．開発したシステムは離散値しか出力できないが，日湛水深の変動を良好に観測できることから，多地点における湛水深モニタリングに極めて有効なツールとなった．

　一方，浸透量を直接かつ迅速に測定する器械として，市販の東大式漏水量迅速測定器があり，わが国における水田の研究で広く用いられていることから，この既存の計器を利用することにした．ところが，いざ村の水田で浸透量の測定を開始すると，動くはずのパイプ内の水がぴくりとも進まず，どこの水田に行っても浸透量を測定することができなかった．これは，雨季中の地下水位が非常に高いために，水田の浸透量はたかだか数 mm/day で，この計器で検出できる範囲外であったのである．結局，ラオスで研究を行っていた IRRI や CIAT の研究者からアドバイスをもらい，大きな塩ビ管を水田の耕盤まで挿入して，このパイプ内の水位変化を郡役人さんに定期観測してもらう超ローテクな方法が，最も安価で確実と気が付いたのはこの 1 年後であった…．

　このように，多様な天水田での水の動きを計るに際しては，既存の計器が必ずしも万能ではなく，必要に応じて自作や秘伝のマニュアル（ノウハウ）

が重要であることをあらためて思い知った.

藤原　洋一

5. 水利用に関する研究

ナトン村の米つき

(1) 常識で常識を覆す超節水栽培法

1) コロンブスの卵

　東北タイの乾季は非常に厳しく，ほぼ半年間にわたって雨が降らない．熱帯なので，冬場と言っても日中の最高気温は30度を超える．極めて乾燥した環境である．したがって野菜栽培は1日2回，朝夕灌水するのが常識である．総灌水量も，たとえば栽培技術指針によるとトマト栽培では1日あたり降水量換算で 5.4 mm，1作あたり約 500 mm 以上の灌水が必要とされている．ところが，研究の結果，1ヶ月に1回，1作あたり 5 mm 程度で十分であることがわかった．一般には節水栽培の最先端技術といえば，地面の下に灌水パイプを埋設し，土壌水分を測定しながらぴったり必要な量の液肥を与える方法であるが，そのような特別な資材は必要ない．ただ，水をやらないようにすればよいのである．東北タイは，半年はカラカラでも半年は雨が降る．降った雨は乾季でも土壌中に残っている．作物が根を伸ばしさえすればそれを利用できる．水を与えれば与えられた水を頼るように育つため，水をまかなければ枯れてしまう．わかってしまえば答えは簡単だが，はじめからわかっていたわけではない．

2) 永田農法が出発点

　日本には永田農法と呼ばれる節水栽培方法がある．マルチフィルムを使い，ほとんど水をやらない栽培法である．このやり方が，はるかに乾燥条件の厳しい東北タイで可能かどうかは分からなかった．しかし，とりあえず試験してみたところ，うまく育った．マルチのあるなしで生育量は大きく異なり，灌水量の多少では，生育はほとんど変わらなかった．次の乾季，大規模にやってみようということで，1 ha あまりの圃場を使って，施肥量を増やし，再試験をした．結果は上々だったが，生育むらが大きいという問題が出た．これは苗の出来のばらつきに主な原因があったことがその後の試験でわかった．

図 17　試験圃場のトマトの生育

3）農民参加型研究に取り組む

　途中の生育経過を見届けて，この試験結果を農民参加型の技術開発にもち込んだ．ほぼ同時並行である．農民参加型というのは農民との共同技術開発である．そのために，新しく「発明モデル・マザーベビー法」を考案した．それは簡単にいえば，新知識を農家に受け渡し，農家がその新知識を用いて実用技術を開発するというコンセプトである．新知識は「東北タイの乾期にごく少量の灌水でトマトを栽培することができる．そのレベルは一般灌水基準の約 500 mm に対して 100 分の 1 の約 5 mm である」というものである．その"新知識"を，言葉ではなく，"知識の媒体"としての"不完全な技術"に乗せたところがミソである．

　研究者は農家に対し，この不完全な技術を見本として実施して見せる．農家は自身の圃場でそっくりそれを"再現（コピー）"することで新知識を受け取る．さらにこの不完全な技術に各自の知識と経験とアイデアで改変を加えることで，実用技術を"発明"する．

使用した不完全な技術は，具体的には，土壌表面の水分蒸発を防止する「マルチフィルム」，均一に正確な量を灌水するための「ドリップ灌漑テープと20 L ポリタンク」，節水栽培のための「灌水基準（定植後 0，2，4，8，12週目に1回 20 L の 1,000 倍希釈液肥（12-9-6）施用）」のセットである．この道具立ては念入りな検討を経て決定したものである．

まず，これらは農家にとって十分魅力的であろうと思われた．野菜の灌水作業が，サトウキビの収穫と労働競合するという懸念を払拭した．タンクに水を注いであとは放っておけばよいのである．さらにこの短時間作業が月 2 回ないしは 1 回でよいのである．

試験の説明会の折，何セット試験するか募ったときのことである．はじめは野菜の栽培試験に足踏みしていた農家が多かったのだが，ある農家が「たいした手間じゃないわねえ」と声を発したとたんに，「ほんとにそうねえ」と風向きが変わり，一気に応募が増えた．

つぎに，実現可能と思えることである．月 2 回ないしは 1 回でよいというと，農家は「枯れてしまうよ」と声を上げた．毎日灌水していた農家には月 1 回など考えられない節水レベルである．「ホワイトマルチ」と「点滴灌漑テープ」そして「液肥」といった道具立てはこれを信じさせるいわばトリックである．

最後に 1 点，媒体技術のマルチフィルムを稲ワラにかえた技術を展示し

図 18　共同で健苗を育てる　　　図 19　"新知識"を伝えるための"不完全な技術"

た．これは本質とは離れるものであるが，「代替マルチ資材を開発してほしい」という研究者側からの無言のメッセージである．それと，灌水基準に関して但し書きを加えた．「枯れそうなときは水 20 L，肥料切れを起こしたときは液肥 20 L を追加」．これは適正管理基準を各人の圃場に合わせて作ってほしいというメッセージである．

さて，本番．育苗管理は慎重を要するので，アシスタントに 1 ヶ月村に泊まり込みでやってもらったが，播種は参加農家の共同作業で行った．これは自分たちの試験としての実感を深めるためにも，グループとしての意識形成のためにも，是非ともはずせない作業だった．

1 ヶ月後，苗が仕上がり，技術コピー実施のための資材を配布し，同時に使用方法の実地研修を行った．さらに各農家の試験実施にあわせてアシスタントを派遣し，細かい資材の扱いについて再度説明をした．最終的に試験実施農家 10 戸が 9 圃場（1 圃場は共同）で 56 試験区 44 処理（反復 12 区）の試験を実施した．

4）節水栽培技術の開発に成功

試験が始まり，私がまず喜んだのは，今後つめなければならないと思っていた点を農家が試験してくれたことである．

1 つはマルチフィルムの穴の扱い．切込みで済ますか穴を開けるべきか．結論としては大きな影響はないということがわかった．

2 つには苗の根の量の問題．これはイレギュラーだったが，一部の苗で根がポットを抜け出し地面に伸びてしまい，大苗に育ってしまった．ポットからはみ出した根は植付け時に土に残って切れてしまうのは分かりきっている，大きな葉と小さな根というアンバランスな苗になってしまう．使わないよう注意はしたが，そちらを好む農家があり，試験に使った．案の定，定植後，下葉が枯れ，生育が停滞した．

つぎに試験が進むにつれ，驚くべきことに，マルチフィルムは不要だということが明白になった．定植直後こそ，マルチフィルムが無いと萎れるが，その時点で 1 回余分に灌水すれば，あとはマルチフィルムと同じく水分不足を起こさないのである．環境汚染の元凶となるマルチフィルムを如何に処

図20 マルチがあっても無くても同じ 　　図21 カラカラの砂の下は湿っている

分するか，つまり使わずに済ますかということに頭を悩ませていた私は拍子抜けした．

　最大の難関があっさり突破された．順を追った思考では，ときに重要でなくなったものを，気付かずに後生大事に持ち続けてしまうことがある．マルチを使う永田農法の発想から出発した私は，マルチは欠かせないもので，代替資材をどうするか，そしてマルチに比べて劣る蒸発防止性能分の灌水量はどのくらいになるだろうかと，マルチに気をとられていたのである．

5）科学的原理の解明

　後でわかったことであるが，土壌水分の状態をシミュレーションソフトで再現してみると，マルチをしてもしなくてもほとんど変わりがない．一般的には土壌水分は毛管現象により，表面が乾燥すると深い部分の水分が吸い上げられて，深いところまで乾燥が進む．ところが，砂質土壌では隙間が大き

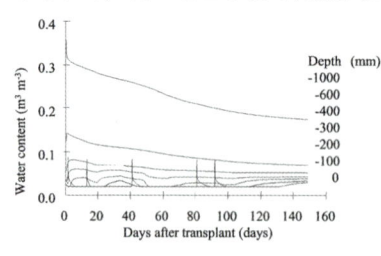

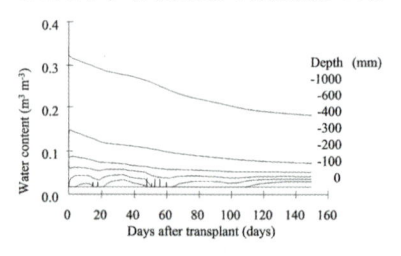

図22 シミュレーションによる土壌水分推移（左マルチなし，右マルチあり）

いため，毛管現象が働かず，表面が乾燥すると乾いた砂が蓋の役割をするため，ほとんど蒸発しなくなるのである．この砂の蓋は専門的には「乾砂層」と呼ばれている．乾季は10月から始まるが，稲の収穫が終わって野菜栽培が始まる12月頃にはもうほとんど蒸発がない．一方，水を撒いたときの蒸発速度は猛烈である．慣行栽培指針の灌水量の程度では，文字通り焼け石に水で，その日のうちに灌水前の状態に戻ってしまう．

マルチがいつも無意味なわけではない．地表面が湿っているときは効果がある．最初に試験を行ったときは，定植後雨が降ったため，畝間から浸透した水分を保持する上でマルチは大きな効果を発揮した．しかしこれはむしろ例外的なケースである．

シミュレーションを他の土壌で実施すると，他の土壌でも節水栽培が可能かどうか，予想することができる．同じ気象条件で，同じ根の張り方をすると仮定して比べると，粘土質土壌だと乾砂層の効果がないので蒸発は多くなる．しかし水分保持量が大きいので，総合的には砂質土壌より節水栽培に向いているという結果が出た．この結果は後に実証された．

農家も試験後の意見調査で，マルチフィルムの効用は認めるが必須ではない，という裁定を下した．試験の最終結果は，トマト44試験区中20試験区で県の過去4年間の平均収量を上回ったが，このうち3区は無マルチ，6区はワラマルチであった．この中のものを選ぶだけでも，実用レベルの新技術が達成されたわけである．その後，農家のひとりは乾季の節水栽培の考えを拡張して，雨季の完全無灌水を実施している．

6）農民参加型研究の利点

ここで，従来型の技術開発に対する参加型の技術開発の優位性をまとめてみる．従来型であれば，まず，なぜ少量の灌水で栽培ができるのかを原理的に解き明かす実験に踏み込み，数年の研究の結果それを明らかにする．そしてつぎにマルチフィルムに変わる代替資材の探索に乗り出し，選定後，標準栽培管理指針を策定し，少なくとも3年の試験を経て検証し，新技術として技術普及機関に受け渡す．しかしこれはまだ途中経過である．普及機関が農家に技術を普及する段階でいくつかの新たな問題が発見され，そのフォロー

アップが続くことになる．

　一方，参加型技術開発によれば，現在すでに実用レベルのものが開発されている．その原理については，今後の研究を待つということになる．しかし，農家によって多くの可能性が予備試験されているため，すでにスタート地点で従来型研究よりはるかにゴールに近い位置にいる．

　ところで，土の中の水分が保持されるとして，トマトはどのくらいの量の水を必要とするのだろうか．トマトの光合成によるCO_2の吸収量と水分蒸発量を圃場で測ったところ，光合成で1gの乾物を作るのに約150gの水を葉から蒸発させていることがわかった．この数値は専門用語で蒸散係数というが，節水栽培トマトと慣行栽培トマトではほとんど同じである．つまり，厳しい環境で育ったから少ない水で生長できる特別なトマトになったというわけではないということである．また，夜間はどうかというと気孔が閉じ，ほとんど蒸散していない．今回の試験の最大収量（県平均の2倍強）で試算すると，全消費水量は30 mmになる．これは10%の水分を含んだ土の30 cmの厚さに相当する．実際のところ，水分は15%くらいある．5%まで使えるとすれば十分な水があることがわかる．水だけで作物が育つわけではない．肥料分が必要である．しかし，永田農法では，節水栽培の場合根が発達するので，肥料は従来考えられている10分の1くらいで良い，といわれており，今回の試験ではほとんど無肥料といってよい試験が多くあった．

　これも農家の裁定で，肥料は必要ないという意見が数戸から出ている．

　最近の研究で，マメ科植物の根粒菌以外にも空気中の窒素を固定する微生物が多く存在することが明らかになってきた．恐らくはそれらの働きに助けられているのであろう．その後の試験で，予め雑草や作物の収穫残さをすき込んでおくことで，安定して県平均の2倍の収量が得られるようになった．その原理の解明は今後の研究課題である．

　最後に販売に絡めての話であるが，節水栽培野菜は無農薬栽培が可能であることがほぼ立証された．通常の野菜は非常に値段が安いので，最近タイでも関心の高い「無農薬」を売りに使うことが必要だと考え，専門家に害虫の調査をお願いしてきた．結果は，害虫はいるが害をなすほどに増えないというものである．

7) おいしい野菜は生産者のもの

　農家は自身で作ったトマトを食べ，従来の作り方よりおいしいと喜んでくれた．タイでは外観品質での級分けがはじまってきたところである．味，栄養価で売れるにはもう少し，年月がかかりそうである．とはいえ，金持ちもめったに食べられないほどおいしいものを食べられるのは作り手の最大のメリットである．

小田　正人

(2) 水の動きは養分の動き

　ラオスの人々はお米をたくさん食べている．最近の日本人が1年間で食べるお米の量はおよそ60 kg程度であるのに対して，ラオス人はその3倍の180 kg，摂取するカロリーの80%に相当するだけお米を食べている．ラオスはお米の発祥地とされる揚子江流域に近く，伝統的稲作により生産されてきたが，栽培形態は水田だけでなく，畑でも栽培されている．特に山岳地帯となるラオス北部では，水を引き込んだ田んぼではなく，天水に依存した畑で陸稲を栽培しており，作付面積は全体の半分にも達しているのである．陸稲は，谷間から山頂にかけての斜面に広く作付けられており，その耕作方法として"焼畑"が営まれている．焼畑とは，文字通り樹木や草を刈り払って火を付けて燃やす行為によって栽培環境を整える粗放的な農法であるが，熱帯地域では合理的な耕作方法でもある．その理由は，一般に熱帯土壌は貧栄養であり，温帯と比べて地上部の植生が多くの養分を保持しており，焼畑ではその養分を灰として土壌表面に付加することになるためである．また多量の灰により，土壌の酸性を中和することができ，さらに燃焼によって，除草効果も期待できるのである．焼畑では火入れによって，施肥や除草を代替することになり，豊かな森林ほどその効果が期待できる．実際には焼畑を実施している森林は，耕作後の二次林，つまり休閑林が大部分であり，充分な

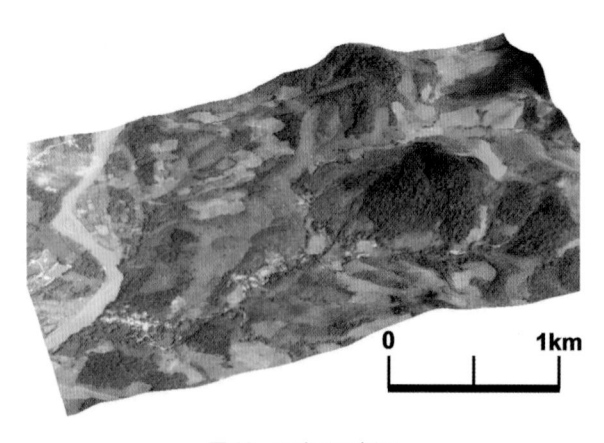

図23　調査地の概要

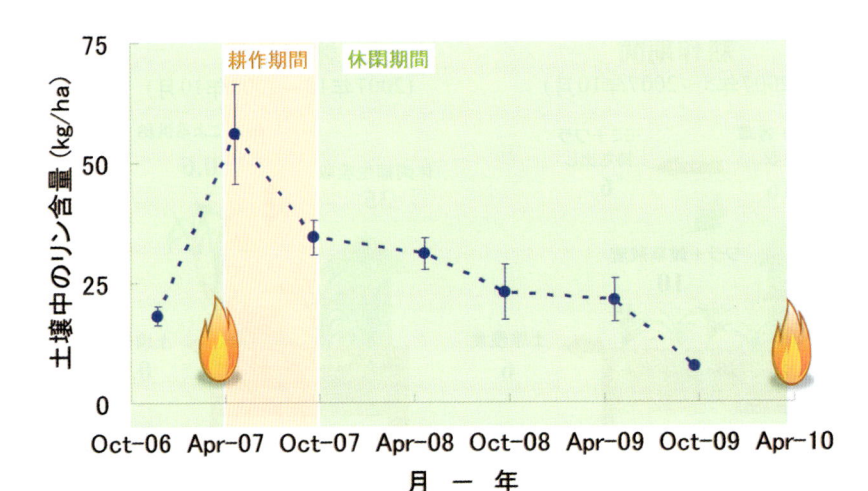

図24 土壌中のリン（可給態リン）含量の変化

収量を得るためには，土地を休ませ植生が繁茂するまでの長い休閑期間を組み入れる必要がある．つまり焼畑では，労力や肥料といったエネルギー投入の代わりに，土地を回復させる充分な時間を確保しなくてはならない．扶養する人口に対して，広大な土地がある場合はこの時間を空間で穴埋めすることができるが，ラオスでは，森林保護と貧困解消の観点から，焼畑が可能な土地が制限されてきている．調査対象とした村では，90年代から焼畑における休閑期間が2～3年に縮小されているが，それでも伝統的な方法で陸稲を栽培しているのが現状である．

　では耕作するとなぜ土地が疲弊するのか，そして短期間の休閑ではどの程度回復しているのか，その原因や養分の変化量を特定するために，調査を行った．調査地は，ラオス北部の主要都市であるルアンプラバン近郊のホァイエン村である．ここは典型的な中山間農村であり，焼畑により陸稲を栽培しており，ハトムギやゴマなどの換金作物も栽培している．村内には一部に灌漑水田も見られるが，大部分は傾斜地を利用した焼畑が営まれており，ようやく立っていられるほどの急傾斜地（45°以上）においても耕作がなされている（図23）．土壌は細粒質のアルフィソルまたはアルティソルで，不耕起栽培のため土壌構造が発達しており，たくさんの粗大な孔隙が見られる．年

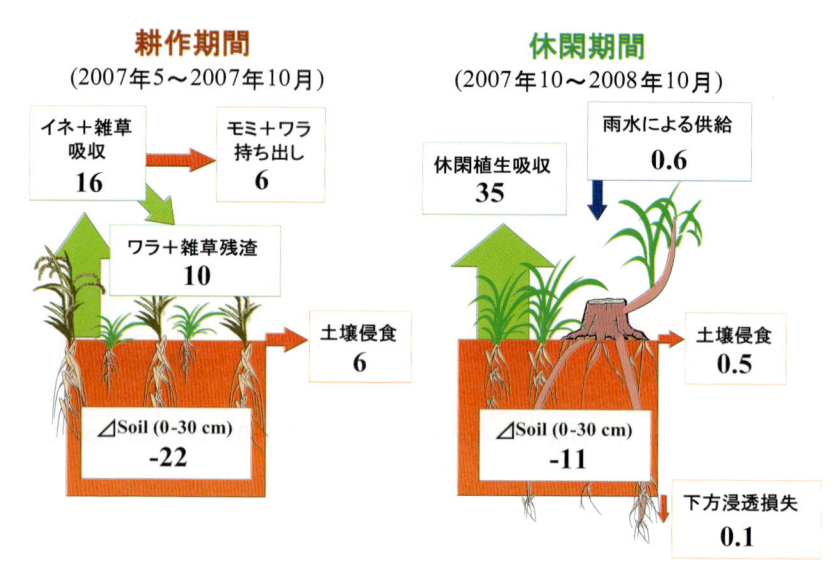

図 25　耕作期間および休閑期間におけるリンの収支（図中の値の単位：kg/ha）

間の降水量は，およそ 1,400 mm で，その 90% が集中する 4〜10 月にかけての雨季に，栽培が行われている．

　図 24 にこれまでに測定してきた深さ 30 cm までの表土のリン含有量の変化を示すが，リンに代表されるように，火入れによって焼却灰が地表面に付加され，表土の養分含量は急激に増大している．そしてその後の耕作期間においては，窒素，リンなどの養分や養分の給源となる有機物は急速に減少していった．特に窒素と並んで陸稲の制限要因であるリンに関しては，土壌から 22 kg/ha（火入れ後の土壌含有量の 40%）が失われており，その内訳は 75% が陸稲に雑草を含めた植生によって吸収された分であり，残りが土壌侵食によって流亡したものと推察された（図 25）．

　現地での収穫方法は，穂刈りであり穂を含めた上部半分が圃場から刈り取られて持ち出される．したがってこの持ち出しを含めた純損失は，1 ha に換算するとおよそ 12 kg，土壌中の減少量の 60% に相当する量と見積もることができた．窒素は生物的な固定が期待され，またカリウムについては幸いなことに泥岩や石灰岩を母材とする土壌のため風化にともなって可溶化し

図 26　降雨時における表面流去水の発生状況（火入れ後）

てくるが，リンの供給源としては大気中から降下する分しか考えられない．そこで雨水に含まれる土地に対する正味の供給量を測定したところ，年間で 0.6 kg との観測結果を得た．したがって単純計算では，耕作期の損失分を補填するには 20 年の休閑期間が必要となる．なお他の養分に関しても，やはり耕作により土壌中の養分が著しく減耗し，程度の差はあるものの持ち出しと土壌侵食がその原因となっていた．では，休閑期間にはどの様に回復するのであろうか．収穫後の 1 年の休閑期間についても養分収支を測定したところ，リン以外の養分はいずれも増加に転じており，火入れ後の状態にまで回復する養分もあった．土壌中のリンの減少は継続し，これは地上部の休閑植生に吸収されたためであるが，その吸収分は表土の減少分を上回り，結果として植生による保持量が土壌を越えてしまった（図 25）．

　休閑 1 年間で土壌と植物に保持されたリンの総量は，火入れ時をわずかに上回ったのである．ここで再び，図 24 に示した土壌中のリン含有量変化について見てみると，火入れによって多量のリンが供給される前は，18.2 kg

図 27 造成した天水田の概況（斜面上部より撮影）

に対して，休閑で 2 年が経過したとき，つまり耕作を予定している直前のそれは 7.5 kg であった．土壌中では依然として 10.7 kg のリンが不足していることになる．植生に保持されているリンが 2 年前と同量であるとすれば，耕作期に持ち出しと土壌侵食による損失分が回復していないことを意味するのである．休閑においては，植生の旺盛な回復によって土壌侵食は軽減され，土壌と植生を含めた土地全体の養分は直ぐさま増加に転じるが，土壌肥沃度の回復の点で，現行の休閑期間である 2 年は，はなはだ不十分であると言えよう．

　土壌肥沃度を回復させるためには，自然の治癒に任せるだけでは不可能であり，施肥という形で補給しなくてはならない．また肥沃度を維持するためには，耕作期間の土壌侵食を防止するか，持ち出し量を抑えることが必要となってくる．化学肥料の購入は農家にとって大きな経済的負担になり，また土壌侵食を防止するには，耕地には急傾斜地にあることや熱帯モンスーン特有の激しい雨に見舞われることなどから，生産と両立させながら抑制することは技術的に困難である．そこで養分の流出を抑制するのではなく，その養

分を積極的に利用することで生産性を維持する対策を試みた．耕作のたびに傾斜地からは，肥沃な表土が鉋で削られるように流亡するが，逆に斜面下方では労せずに養水分が流入することになる（図26）．そこで養水分の受け皿として斜面下部に天水田を造成し，その養水分保持効果や耕作の持続可能性について検討した．斜面の下方を取り囲むように畦を造り，田面内を平らにならした天水田を，のべ9人，2日がかりで造成した（図27）．調査当年は，降水量が平年の60%の渇水年であり，斜面部の収量は0.3 t/haであったが，天水田ではその7倍の2.2 t/haの収量となった．残念ながら床締めや代掻きなどの漏水防止対策を講じなかったため，湛水には至らなかったが，土壌水分は高めに推移したことと耕作による作物吸収分以上に斜面から養分が流入した結果である．水田は連作が可能で，土壌肥沃度を維持する効果が期待できる．斜面部が休閑となる期間においても，余剰の養分を利用して同程度の収量が確保され継続できるのであれば，傾斜地の休閑期間を延長することも可能になるであろう．

　農民は土地の生産性について正確に理解している．特定の植物の分布や休閑植生の再生速度などをこれまでの経験に照らし合わせて判断しているようだ．しかし，休閑期間を短縮せざるを得ない現状においては，近い将来の土地生産性の変化や肥沃度を維持するための方策を自ら見いだすことは困難なようである．土壌における養分や水の動きを測ることで，彼らの生活の糧を得る一助となれば幸いである．

柏木　淳一

コラム

海外研究拠点の開拓

（独）国際農林水産業研究センター（JIRCAS）はアジアやアフリカの途上国に多くの研究者を派遣している．数ヶ月から1年にわたって滞在する場合や，数週間の短期出張を重ねる場合など，その形態は研究内容によって様々であるが，どのような形であれ，新たな研究の拠点を設けるにあたってはいろいろな苦労が伴う．

私は2003年から約3年間，ラオスの首都ビェンチャンに派遣された．メコン川を挟んだ隣国のタイとJIRCASは長年の研究交流があり，タイ国内の農業事情や人的ネットワークについての情報は多数，蓄積されているが，ラオスで本格的なプロジェクト研究を展開するのはこの時が初めてである．新たなカウンターパート機関との関係を築き，研究を軌道に乗せるにはどうすればよいのか，期待と不安を抱えての出発となった．

ラオスはインドシナ半島の内陸に位置し，東南アジア最貧国のひとつと言われている．首都ビェンチャンでさえ，繁華なエリアはせいぜい4〜5km四方．一日歩けば，ひととおり見て回ることができる小さな街だが，そこはやはり一国の首都．各国大使館や国連機関ならびにJICAをはじめとする援助機関の事務所や各種のプロジェクト基地などがいくつも置かれており，外国人にとってもさしあたって苦労せず生活できるだけの環境は揃っていた．そして，ラオスが抱える課題や国内事情，組織体制，施策など，ラオスへの理解を深め，研究を始めるにあたって必要となる知見を得るうえで，こうした機関で働く人々との交流は大きな情報源となった．ときにはオフィスを訪れ，ときにはお酒を酌み交わしながら（ラオスにはBeer Laoというとても美味しい国産ビールがある！），いろいろな話題に耳を傾けたものである．

仕事や職場の枠を超えた友人達との交流は，ラオスに対する理解を助け，

単調な海外での単身生活の活力ともなったが，研究を進める上ではやはり共同研究の相手となるカウンターパート機関との関係作りが重要となる．私が配属されたのは国際熱帯農業センターのアジア事務所（CIAT in Asia）だった．JIRCASの課題を背負って派遣されるという形であったため，彼らの活動プログラムの中ではやや変則的な位置づけとなり，お互い，どのような形で連携できるかを探りながらのスタートだったが，彼ら持ち前のホスピタリティのおかげもあってか，私の研究テーマを尊重し，最大限の支援をしてもらったと，今も感謝している．その一方で，私自身はCIATが実施しているプログラムに積極的に関与するだけの余裕が無く，パートナーシップとしてはややバランスを欠いた形となってしまったかもしれない．十分に時間をかけ，それぞれの組織が果たすべきミッションと研究者相互の興味をうまく融合させながら海外での研究拠点を開拓していくことができれば，共同研究はさらにおもしろいものへと発展していくような気がする．

山本　由紀代

6. インパクトと普及

ノンセン村農民集会

(1) 複合経営への段階的移行
—現状把握，モデル構築，実践
1) 現状把握

　第3章で概観してきたように，農業の複合化は，天水依存，外部委託作業，国際価格変動という現在の農業がもつ制約から脱却する手段として，農民や地元の民間組織からも，政府の目標としても，求められている．しかし，どのように複合農業へ移行すればよいか，その道程はよく分からず，達成が難しい．上述の制約があるため，農家はリスクを受け持つ経済的余裕があまりないので，成功が約束されていない複合農業に急速に転換できない．東北タイでは，複合農業といえば，従来の低地天水田のモチ米稲作と，高地の畑地の輸出向き換金作物のサトウキビとキャッサバという基本活動に加え，野菜，果樹，および畜産の複合化生産活動から成る経営を指すが，野菜と果樹は十分な水資源を必要とし，畜産は飼料を確保しなければならない．

　2003年に研究サイトのノンセン村で行われた参加型研究課題を決める農民集会においては，農民の5年後の営農の将来像を自由に書いてもらった結果，複合農業が最も多く，全体の40％近くを占めた．しかし，次に，目標を達成することを妨げる制約を検討し，取り組むべき農家試験研究課題を決めるために，4つのグループ（複合農業，畜産，果樹，野菜）を設定し，どれに入るかを農家の自由選択に委ねたとき，集会参加農家の半分以上が畜産グループに入った（Caldwell *et al.*, 2006）．このことから，畜産が複合農業への入り口ではないかと考えられた．

　2006年に，ノンセン村からコンケン県南部の4つの村に農民交流により技術を広げたとき，100戸の農家のうち，基本生産活動に複合化生産活動をひとつだけ加えていた農家は，全体の6割を占めたが，そのうちの半分以上は畜産を加えていた．この結果は，ノンセン村の農民集会の参加者の選択行動と一致したものであった．

　また，同じ4村で，2005〜2006年への複合化において，2005年に基本生産活動だけ，または基本生産活動＋果樹の合計31戸の農家のうち，42％

はもうひとつの活動を2006年に加え,そのうち,畜産は62%を占めた.実際の複合化への行動においても,畜産の優先が確認された(Taweekul *et al*., 2009より計算).

2) モデル構築

以上の結果から,2006年に複合農業移行モデルを構築し,次の移行過程を仮説とした.
① 農家は,畜産に先に投資し,ほかの複合化生産活動への投資資金を作る.
② 畜産販売から十分な資金ができると,次に果樹に投資する.
③ 野菜生産は,水利用がもっとも必要であり,市場が不安定なため,最後に加えられる.

さらに,ノンセン村における複合農業試験農家の行動を2003年から観察し,集会および個別に聞いてきた考えによると,実際に複合生産活動を選び,開始に伴う投資を検討する上で次に掲げる決定要因が重要であると考えられた.

<u>小流域における地形的位置</u>

家畜の飲み水,果樹と野菜の潅水に溜め池の貯水を利用する場合,小流域における地形位置が溜め池の集水能力と保水能力に影響し,高地ほど集水・保水が難しいので,投資の選択基準になる.

また,上流・中流の位置が下流よりも技術変革が受容しやすいと仮定した(鈴木等,2006).

<u>雨季の初めと終わりにおける各地形の溜め池の水位</u>

水位の変化に伴って,乾季の複合農業活動に必要な水量があるかどうかを見て,溜め池を拡大したり,数を増やしたりする投資が必要なのかを判断する.

その判断をより正確にするために,水利用ツールを開発した(Sukchan *et al*., 2010).

<u>サトウキビと野菜の市場価格変動</u>

サトウキビの市場価格が下がると,農家は複合化の必要性をいっそう感じ,投資の将来的な有益性の評価が高まり,そのリスクを受け入れやすく

なる．逆に市場価格が上がると，複合化の必要性が遠のき，サトウキビへの投資を増やすと仮定した．

前年の野菜価格が高かった場合，翌年，野菜栽培に取り組むための投資に踏み切りやすくなると仮定した．

以上のモデルを，農家グループの模擬活動によって確認し，修正して長期的なシミュレーションに利用することは，残された課題である．

3）実　践

コンケン県南部の4村の農家は，営農の将来像と現在の制約を整理し，それに応える技術に関する情報をノンセン村および近隣先進村の視察などによって集めて検討し，複合化に有益な技術4つを選定して，3年間試験した．その結果，ノンセン村で開発したシュガーアップルの剪定と水管理技術を取り入れる農家戸数は3年間のうちに全体の64%に達し，稲および複数の複合化作物に広く利用できる有機肥料と自然農薬の自家生産と利用を開始した農家戸数も，それぞれ，全体の58%と38%に広がった．それに対して，キャッサバを原料とする飼料の自家生産を開始した農家は，18%にとどまった．牛の価格が2007〜2008年に低下したことが原因のようであった（Taweekul et al., 2010）．

以上の結果から，個別技術への評価と利用は，価格変動に大きく左右されることが分かる．したがって，複合化への移行過程は，一般化しにくいのではないかと考えられる．そのため，長期的なシミュレーションによる計画策定よりも，農家の決定要因の閾値と活動の選択を模擬的に行うゲームを用いて柔軟な策定を繰り返す（iterative）参加型シミュレーションの方が有効ではないかと考える．農民グループと地方自治体の普及員がこうしたゲームを乾季に行い，次の雨季に始まる新農繁期の計画策定に利用できるであろう．

それと合わせて，今までの参加型手法であまり実施例がみられない流通業者と農業者のつながりの構築が有効であろう．流通業者がどのように農業者の会合などで，複合化の過程の策定に参加できるか，手法を開発し，試し，その有益性を評価するとよい．そうした手法が開発されれば，村落を越えたネットワークにおいて，農村における試験的技術変革，複合化の過程，およ

び市場をつなげることができる．このような手法開発も複合化研究の残された研究課題である．

コールドウェル，J. S.

(2) プロジェクト技術のインパクト分析

1) はじめに

　天水農業プロジェクトでは，調査サイトとして選定した東北タイのノンセン村で，複合農業を目指した農民参加型の研究が実施された．稲とサトウキビだけに依存した農業から，野菜・果樹・畜産・養魚などを取り入れた複合経営により市場価格変動などのリスクを軽減させようというものである．一般に天水農業地域においては水資源が不安定なため，複合農業を目指してもその実現は容易ではない．プロジェクトサイトのノンセン村は，東北タイの中心地であるコンケン市の南およそ35 kmに位置し，農家が個人所有する掘込み式の溜池が政府機関などにより多数建設されており，複合農業を目指すための最低限のインフラは整っていると考えられる．溜池を核にした複合農業を目指した農民参加型研究を実施するにあたり，プロジェクトではノンセン村に溜池を保有する農家に呼びかけ，農民集会を2003年に開催した．この集会でプロジェクトへの参加を表明した35人の農家を対象に，野菜の節水栽培，果樹の剪定，牛の人工肥育などの技術を指導しながらプロジェクトは進められた．

　今回プロジェクトを終えるにあたり，技術の定着状況，溜池を利用した農業の多角化や経営の複合化の状況を調査し，インパクトについて分析を行った．なお調査の対象とした農家は前述した35農家であるが，3名は村を離れバンコク等に移住していたので32農家について聞き取り調査を行い，それをもとに分析を行った．

2) ノンセン村の溜池

　対象とした32農家の所有する溜池の数は89個である．平均すると一人あたり2.8個の溜池を所有していることになる．なお建設後に隣接した溜池を統合した池がいくつかあったがこれらは統合された池を1池としてカウントした．ノンセン村は地形が起伏に富んでおり，溜池の立地位置の分類が重要である．立地位置で分類すると，低地43池，スロープ35池，丘陵地上部7池となったが，スロープと丘陵地上部は区別がつきにくいため，両

者を併せて丘陵地として扱うと，ほぼ半分が低地に，残り半分が丘陵地に位置している．

溜池への水の流入量については不十分と回答があった池は12池あったが，そのほとんど（11池）は丘陵地にある池で，低地に位置する池に比べ，集水域面積が十分でないためと考えられる．溜池の水量については，過去に干上がったことがある池は意外と少なく15池であった．毎年のように干上がる池も1池あったが，乾季の末でも，筆者が予想していたほど水位は低下していないことがわかった．村を流れる河川が1〜5月まで干上がるのと対照的である．

図28 新しく掘ったため池への浅層地下水の流入

3）溜池の多目的水利用の普及

今回の調査で得られた溜池の水利用目的について，多い順に示すと次のようになる．

①稚魚を購入し養魚を行っている池は61池で最も多い
②家畜の飲み水に利用されている池は57池（牛:46池，水牛:39池）
③雨季の稲作に利用されている池は，53池
④野菜の栽培に利用されている池は，乾季30池，雨季9池
⑤果樹の栽培に利用されている池は，乾季12池，雨季5池

最も多く利用されているのは溜池での養魚である．ティラピア，鯉，ナマズなどが一般的である．多くの農家は稚魚を購入し，一定期間の養魚の後，自家消費や販売を行っている．餌を与えている農家もあれば，ほとんど餌を与えていない農家もあり，養魚方法や収穫時期などは様々である．

次に多かったのは家畜の飲み水に利用されている池で57池あった．牛が

図 29 この農家は池を野菜，養魚，牛，水牛に利用している．稲は直播し，苗代用水には利用していない．野菜への水利用が最も優先順位が高いと言っていた．

46 池，水牛が 39 池で，雨季または乾季のどちらかの場合や，雨季・乾季ともに利用している場合もあり，農家の事情によりいくつかのパターンがある．また，溜池ができてから大きく変化したことは，家畜を夜も農地に放牧したままにし，家に連れて帰らなくなったことである．溜池がない時代は夕方になると必ず農家宅に連れて帰り，翌朝また農地に連れてくる光景が一般的であった．今は，農地に常駐させるため，農地を柵で囲い，牛がよその農地に逃げないようにしている．この光景を見るとアジアでないような感覚に陥る．

　JIRCAS が農民参加型研究として進めた牛の人工肥育は，残念ながら現在のノンセン村では全く普及していない．すべての牛は飼い主の農地で自然肥育（Natural grazing）されている．タクシン元首相が押し進めた 100 万頭政策が頓挫し，牛の価格が暴落したことが原因のようである．

　野菜栽培については，かなり普及が進んでいると思われる．溜池の水を利用した乾季の野菜栽培は確実に増加している．30 池で乾季に野菜栽培がされており，その内 20 池では販売もされている．主な野菜は，トマト，スイカ，

アスパラガス，タマネギ，ササゲなどである．果樹栽培については，じわじわと伸びているという感じである．乾季にはマンゴーやシュガーアップルなどに12池で灌漑がされている．果樹の収益は野菜より劣るが，農家が高齢になった場合に労力面で果樹のほうが楽なようである．

　雨季の稲作に利用されている溜池は53池で予想したよりも少なかった．池は小さいため，水田については苗代用水，代かき用水，雨季後半の水不足時などの補給に利用されているにすぎない．これは掘込み式のため重力灌漑ができず，ポンプ代が必要なため，稲には多くの水は使われていないものと思われる．すべての池で稲作に使われていない理由は，前述したように溜池の約半数が丘陵地にあり，丘陵地の池の周辺に水田がほとんどないためである．溜池が稲作のみに利用されている池は2池，全く水利用がされていない池は4池あったが，これらは数少ない例で，ほとんどの溜池の水は多目的に利用されていることが今回の調査で明らかになった．

　経営複合化による農家収入については，カウンターパートであるコンケン大学のノンラック氏が詳しい分析を行う予定であるが，今回調査した農家で複合経営を積極的に進めているある農家の場合，サトウキビ68,000バーツ，稲30,000バーツ，トラック運送20,000バーツ，マンゴー16,000バーツ，スイートコーン7,000バーツ，カエル5,000バーツ，魚3,000バーツ，陸稲2,500バーツ，スイカ500バーツの収入があり，稲・サトウキビ以外で31,500バーツの収入を2009年に得ている．

4）まとめ

　ノンセン村の溜池では，養魚，家畜，稲，野菜，果樹の順で多目的に利用が進展していることを述べた．稲は養魚，家畜に次ぐ3位であった．つまり，ノンセン村の溜池は稲よりも養魚や家畜に多く利用されていた．また，これらの水利用について競合の問題について懸念したが，聞き取りした時点ではそれほど深刻な感じではなかった．もし，競合した場合何を最も優先するかを質問したところ，競合しない（29池），稲（26池），魚（15池），家畜（6池），野菜（6池），果樹（3池），家禽（1池）の順であった．競合しないが29池で最も多かった．ノンセン村において溜池が農業の複合化・多角化の推進力

であることは間違いない．特に乾季は溜池なしでは複合農業は基本的に無理であると思われる．参考のため溜池のない農家にも聞き取りをしたが，サトウキビだけで収入を得ていた．

　最後に溜池の維持管理の問題であるが，水質について，サトウキビ畑の農薬が溜池に流入し，魚が死ぬと答えた池が 12 池あった．また，池の堆砂については，深刻 21 池，中程度 17 池，少し 25 池，また，法面浸食については深刻 16 池，中程度 11 池，少し 32 池であった．法面の植生が安定するまでの 2-3 年は法面浸食の問題は大きいようである．ノンセン村の土壌はほとんどが砂質土壌であるため，浸食と同時に堆砂についても対策を行わないと多くの池が 20 年後には貯水機能がなくなるという事態も考えられる．

藤井　秀人

(3) 参加型の未来

1) 天水農業プロジェクトと参加型手法

　参加型手法は，海外では，1980年代のファーミングシステム研究・普及（FSRE）を継承しつつ発展させる手法として，チェンバーズを中心に，1990年代に創始され，早く世界的に広まって行った．FSRE の発展と参加型手法への初期展開は，JIRCAS の国際農業研究叢書第9号，『ファーミングシステム研究』（コールドウェルら，2000）に収録されている．日本では，海外に先立って，昭和20～30年代に農業体系的な把握と農家試験手法が提唱され，営農試験として全国的に実施される時期があり（Wada *et al*., 1995），また平成になってから総合研究が実施されたが，日本的なシステム研究は，行政的な目的を達成するために研究者主導の技術総合化の色合いが強かったといえる．

　そのような背景の下で，2000～2001年に天水農業プロジェクトの構想が創られたとき，参加型手法が中心的な位置づけをもった．本書において，ノンセン村に始まり，後半，コンケン県南部に広がっていった歩みと成果を概観してきた．そして，そこで記述されている節水栽培と複合経営の成果は，参加型がなければ得られなかったといえる．

　ここでは，天水農業プロジェクトの10年間の成果から参加型手法の今後を考えると，いくつか取り組むべき課題があると考え，問題提起をしたい．

2) 参加型における「場」と「数」の矛盾の克服

　第一に，参加型が本質的に抱えている「場」と「数」の矛盾がある．「場への特化」（site-specificity）がなければ，実用可能な技術ができないという基本的な考え方は，村落と農民の「数」という壁にぶつかる．ノンセン村で見られたように，研究者が農民と密接に新知識を技術に変える創出過程に集中的に関わることは，手法開発時にできても，今後，すべての村では実施不可能である．これは，いわゆる scaling out, scaling up の問題である（Menter *et al*., 2004）．

　「場」と「数」の矛盾を解決するためには，農民から農民への技術創出と適正化のネットワーク作りが有効である．これは，単なる技術伝達ではなく，

農民による技術創出と適正化の過程の伝播，適正化，そして定着化である．天水農業プロジェクトにおける複合化のコンケン県南部への拡大は，過程の手法開発の段階で終わっている．「場」の特性に合った実用可能な技術を，より多くの「数」の農民が参加型に創出できるようになるために，タイに限らず，多数な国でみられる農業開発の地方自治体への分権化において，大学や農業省の研究者，地方自治体の普及員，および農家の新しい関係の創造が必要である．

さらに，複合農業の節で述べたように，試験的技術変革と複合化の過程を市場につなげるために，流通の当事者が複合化過程の策定に参加する，村落を越えたネットワーク構築の手法開発が必要である．たとえば，毎年行われる地域大学農業祭で，技術創出・適正化の交換会を催し，多くの村落から農民と行政の代表，および流通の代表を募り，数年間の実績をもつ農家試験者グループが展示と説明を行い，節水栽培，有機栽培，飼料製造，複合農業，流通等のテーマ別の全参加者小グループで，今後の共同優良地視察，相互交流，地域市場活性化について議論し合い，活動計画を考案し，予算計画も沿え，参加者の発意発案と運営によってネットワークを形成充実していく，という方式が考えられる．この方式は，2006年のノンセン村と拡大4村の，農民による試験成果の発表と検討の方式をさらに発展しようとする案である．

3）研究者の新しい役割

第二に，研究者の新しい役割を提案したい．農民による技術創出と適正化の過程が広がっていくと，「場」の条件が変わることによって，同じ知識の最善の活用も変わることがある．そうした条件を記述し，そこから知識の普遍性を再検証することは，研究者の仕事である．また，知識の利用が予想したようにうまく行かず，壁にぶつかるとき，なぜ成功しないのか，その不成功の原因と仕組みを解明するのも，研究者の仕事である．言い換えれば，研究者にとっては，技術の創出の主導権を農民に譲ることは，試験の「場」の拡大であり，より多くの条件の下における試験の機会の提供である．多様な条件の下では，ときには普遍性を再確認し，ときには原理と仕組みの解明を

深め，いったん否定された以前の理解を改め，普遍性を構築し直す．このように，参加型研究を通じて，普遍的知識にも貢献できる．

医学の世界では，基礎研究によって病原菌が特定されるだけでは治療はまだ成立しない．多数の罹病者・潜在的罹病者の同意を得て，様々な条件下で新種の薬剤の有無，濃度や回数を変え，何回も試した末に，はじめて実用的な新薬とその利用法が確立される．病原特定のあとの利用法確立の過程も，科学的検証法に基づいている．さらに，生活慣習と深く関わる病気（たとえば動脈硬化）の仕組みを解明するだけでは，治療がまだできない．患者とともに生活慣習改善法を考案し，やはり多数の患者と一緒に試験を行い，患者自身による評価も含めて検証した結果，条件に応じた健康維持法の指針がはじめて確立される．同様に，参加型手法は，農業において，農業者と一緒に，利用者と現場の条件に適応した実用科学を目指している．ここに参加型の位置づけがあると言える．

4）参加型は実用科学をめざす

以上の考え方は，科学とは何か，という深い問いを招く．研究者が参加型研究を「普及活動」だけとして考えがちであるが，科学，研究，知識，そして技術のそれぞれの定義と領域，およびこれらの関係の再考察が必要である．科学とは，試験によって仮説を検証し，その結果，原理を解明する手法であり，その積み重ねによって，客観的な知識が蓄積され，誰も同じように利用できる，と一般に理解されることが多いかもしれない．ところが，生物の営みは，古典的物理学のように絶対唯一的法則性よりも，確率論で説明されることが多い．さらに，生物学の応用的研究である農学では，利用者の目的と条件によって，知識の利用が変わることが多い．ここに「応用科学」，「問題解決型研究」が働く場がある（コールドウェル，2003）．日本でも，40余年前に，「現場科学」の提唱（川喜田，1967）による類似の考え方がある．「問題解決型研究」や「現場科学」が有効な場では，限られた条件の下における原理解明による知識をもってくる研究者と，知識の利用者である農業者は，同じ対象の農業をそれぞれの経験から捉えながら，原理の知識を技術に変える試験的作業に協働する．知識論でいえば，古典的 positivism

の絶対的客観性に替わって，構築主義（constructivism）による新知識の創造である（コールドウェル，2006）．この協働創造のよる知識の反復性と予測性を高めることは，参加型の上述の「場」と「数」の矛盾の解決に貢献するとともに，科学の新しい展開にも，大きな知的貢献ができるであろう．その知的貢献は，Kuhn が言う「科学的パラダイムの転換」（Bird, 2004）を，農業開発学にもたらす可能性を潜んでいると考えられる．

コールドウェル，J. S.

コラム

コンピュータシステムより紙製のツール

　東北タイ天水農業地域では，小規模農家の収入増加の一助として，20 m × 30 m程度の自家用ため池を活用した複合経営が目指されている．実際に，国策として多数のため池が造成されているが，大半は養魚池として活用されているのみで，野菜，果樹等への活用が進んでいない．その理由のひとつに，経験のない農家にとって数ヶ月先の収穫を見越した水の利用計画を立てることの難しさがある．そこで，農家向けの水利用計画ツールを作成することで，農家の水利用計画の立案を助け，複合経営の進展を促し，収入の増加を図ることを考えた．

　このアイデアは，タイで長年暮らす開発コンサルタントとの会話から生まれた．

　私「プロジェクトでは，とある国際農業研究機関に委託して，流域管理のマルチエージェントシステムを作ろうとしているのですが，なかなか進まなくて…」

　コンサルタント「そんな大層なシステムより，紙でできた道具で水利用計画ができるようなものの方が，農民にとっては実用的なのですがねぇ」

　流石に現地で直接農家と接する人の視点は確かである．それに，考えてみれば，流域管理しようにも，そもそも川が無い．あるのはため池のみである．さっそくそのアイデアを頂いて考えてみたが，どんな形にするか，四角にするか三角にするかと迷いに迷った．そこで，タイの共同研究者に投げかけた．

　私「こんなアイデアがあるのだけどやってみない？」

　タイの共同研究者「いいアイデアね，まかしといて！」

　立ちどころに写真の様な「丸形」ツールができあがった．実は圃場の施肥量の計算ツールがあり，それを元に水利用量の計算ツールを作ったのだ．物事，一見簡単に見えるものが実は奥が深かったりする．このツールも実は奥

が深いところがあるのだが，それは紙面の都合上割愛する．詳しい説明はホームページの研究成果情報をご覧頂きたい．

小田　正人

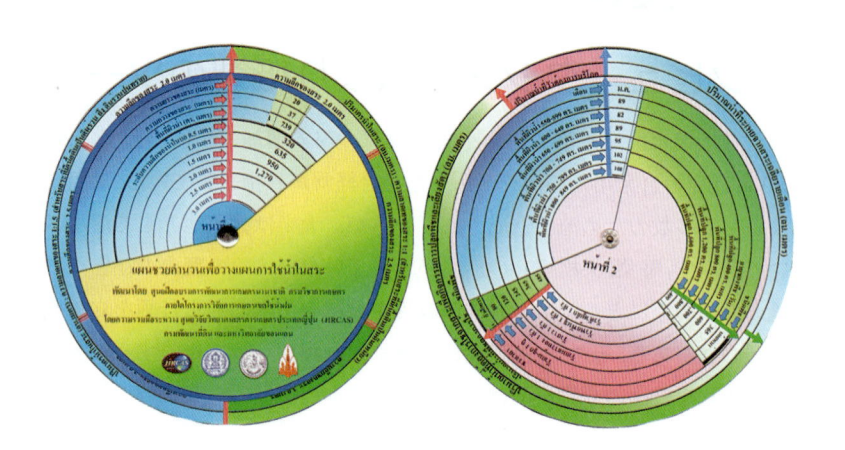

7. データベース紹介

80   7. データベース紹介

　天水農業プロジェクトでは学際研究の強みを生かすため，各研究者が取ったデータを地理情報システム（GIS: Geograhic Information System）を用いて関連付けることを試みた．衛生から見た土壌水分状況，地上で観測した水田の湛水状況などが立体的に解析可能である．他方，地図上の面的な情報でなくても，たとえば栽培試験の場所，農村調査の農村の位置など，大まかな関連がある．これらのデータは地図上から検索して，データシートでその詳細を見ることができる．

　なお，研究データは学術論文を執筆する上で公開に差し障りがあるものもあることから，それらについては，プロジェクト終了後2年の猶予をもって原則公開される予定である．データベースは下記URLより利用できる．

　さらに，研究成果について，JIRCASのホームページで公開しているので是非ご覧いただきたい．http://www.jircas.affrc.go.jp/index.sjis.html

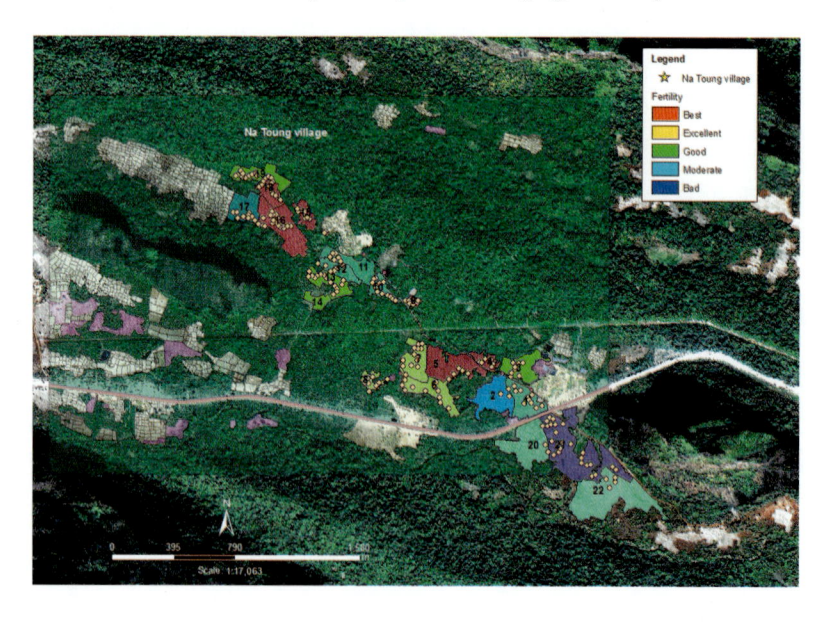

参考文献

・伝統的技術ファーイを見直す

Hoshikawa, K., and Kobayashi, S.：2003, 'Study on structure and function of an earthen bund irrigation system in Northeast Thailand', Paddy and Water Environment, 1, 165-171

・衛星から焼き畑の周期を知る

山本由紀代（2007）：ラオス北部の農地管理．農業リモートセンシング・ハンドブック（システム農学会），Ⅱ:89-91.

Yukiyo YAMAMOTO, Thomas Oberthur, Rod LEFROY (2009) :Spatial identification by satellite imagery of the crop-fallow rotation cycle in northern Laos. Environment, Development and Sustainability, 11:639-654.

・複合経営へのステップ・バイ・ステップ

Caldwell, J. S., Sukchan, U., Sukchan, S., Suphanchaimat, N., Ando, M., Oda, M., Ogura, C., Suzuki, K., and Phaowphaisal, I. (2006), "A Framework for Farmer Participatory Technology Research," Pp. 109-114, in O. Ito et al. (eds.), Increasing Economic Options in Rainfed Agriculture in Indochina though Efficient Use of Water Resources. JIRCAS Working Report 47: Tsukuba, Japan

鈴木研二・Krailert Taweekul・John S. Caldwell（2006）農業技術の広域拡大に関する MAS 手法の基礎的検討．2006 年度システム農学会秋季大会，システム農学第 22 巻別号 2, pp. 68～69.

Taweekul, K., Caldwell, J., Yamada, R., and Fujimoto, A. (2009) Assessment of the impact of a farmer-to-farmer learning and innovation scaling out process on technology adaptation, farm income and diversification in Northeast Thailand. International Journal of Technology Management and Sustainable Development 8(2):129-143.

Taweekul, K., Caldwell, J., Yamada, R., and Fujimoto, A. (2010) Increased farm income through farmer-to-farmer learning process approach to adaptation of new introduced technologies in Northeast Thailand. International Journal of Technology Management and Sustainable Development 9 (1) :37-51.

・参加型の未来

Bird, A. 2004. Thomas Kuhn. Stanford Encyclopedia of Philosophy. http://plato.stanford.edu/entries/thomas-kuhn/

コールドウェル, J. S. (2003). 研究戦略における参加型手法の位置づけと期待できる貢献. 宮田悟（編）, 21世紀の国際共同研究戦略の構築, Pp. 95-108. JIRCAS, つくば.

コールドウェル, J. S. (2006). 農民参加型技術開発アプローチの発生系譜と意義. 熱帯農業 50 (5) : 257-265.

コールドウェル, J. S., 横山繁樹, 後藤淳子（監訳）(2000). ファーミング・システム研究　理論と実践. 国際農業研究叢書　第9号. JIRCAS, つくば. 417頁.

川喜田二郎. 1967. 発想法. 東京, 中央公論社.

Menter, H, Kaaria, S., Johnson, N., and Ashby, J. (2004), "Scaling up," in Pachico, D, and Fujisaka (ed.), Scaling Up and Out: Achieving Widespread Impact through Agricultural Research: pp. 9-24. Economics and Impact Series 3. CIAT. Cali, Columbia.

Wada, T., Caldwell, J. S., and Yokoyama, S. (1995). New resources for international agricultural cooperation: Village-based self-help and agricultural research in Japan. Journal for Farming Systems Research-Extension 5(1):45-78. 和訳は, 前掲のコールドウェル等(2000年) の『ファーミング・システム研究』, 387-413を参照.

執筆者一覧（50音順）

安藤　益夫
　　国際農林水産業研究センター国際開発領域（当時）
　　専門分野：農業経営
　　担当期間：2002～2003年度（タイ）

伊藤　治
　　国際農林水産業研究センター生産環境領域
　　専門分野：中期計画責任者
　　担当期間：2002～2010年度（2009.4までプロジェクトリーダー）

小倉　力
　　国際農林水産業研究センター生産環境領域（当時）
　　専門分野：農業水利
　　担当期間：2002～2004年度（タイ）

小田　正人
　　国際農林水産業研究センター生産環境領域
　　専門分野：作物栽培
　　担当期間：2003～2010年度（タイ，ラオス，2009.5よりプロジェクトリーダー）

柏木　淳一
　　北海道大学農学部
　　専門分野：土壌肥料
　　担当期間：2006～2010年度（ラオス北部）

コールドウェル，J. S.
　　国際農林水産業研究センター国際開発領域（当時）

専門分野：農業経営，作物栽培
　担当期間：2002～2005年度（タイ）

藤井　秀人
　国際農林水産業研究センター生産環境領域
　専門分野：農業水利
　担当期間：2009.10～2010年度（タイ）

藤原　洋一
　国際農林水産業研究センター生産環境領域
　専門分野：農業水利
　担当期間：2008～2010年度（ラオス，タイ）

山田　隆一
　国際農林水産業研究センター国際開発領域
　専門分野：農業経営
　担当期間：2006～2010年度（ラオス）

山本　由紀代
　国際農林水産業研究センター国際開発領域
　専門分野：リモートセンシング
　担当期間：2003～2006（ラオス）

JCOPY <（社）出版者著作権管理機構 委託出版物>		
2011	2011年3月31日　第1版発行	
インドシナ ―天水農業― 著者との申 合わせによ り検印省略	編著者	独立行政法人国際農林水産業研究センター 小　田　正　人
	発行者	株式会社　養　賢　堂 代表者　及　川　清
©著作権所有		
定価（本体2000円＋税）	印刷者	株式会社　丸井工文社 責任者　今井晋太郎

発行所　株式会社　養賢堂

〒113-0033　東京都文京区本郷5丁目30番15号
TEL 東京(03)3814-0911　振替00120-7-25700
FAX 東京(03)3812-2615
URL http://www.yokendo.co.jp/

ISBN978-4-8425-0484-1　C3061

PRINTED IN JAPAN　　製本所　株式会社丸井工文社

本書の無断複写は著作権法上での例外を除き禁じられています。
複写される場合は、そのつど事前に、（社）出版者著作権管理機構
（電話 03-3513-6969、FAX 03-3513-6979、e-mail:info@jcopy.or.jp）
の許諾を得てください。